파도에 춤추는
모래알

파도에 춤추는 모래알

바닷가 모래의 생성과 움직임으로 본 바닷속 현상들

2012년 12월 10일 초판 2쇄 발행
2010년 1월 11일 초판 1쇄 발행
지은이 전동철

펴낸이 이원중 책임편집 김명희 디자인 박선아, 이유나 일러스트 이동현
펴낸곳 지성사 출판등록일 1993년 12월 9일 등록번호 제10 – 916호
주소 (121 – 829) 서울시 마포구 상수동 337 – 4 전화 (02) 335 – 5494~5 팩스 (02) 335 – 5496
홈페이지 www.jisungsa.co.kr 블로그 blog.naver.com/jisungsabook 이메일 jisungsa@hanmail.net
편집주간 김명희 편집팀 김찬 디자인팀 정애경

ISBN 978 - 89 - 7889 - 213 - 1 (04400)
ISBN 978 - 89 - 7889 - 168 - 4 (세트)

이 도서의 국립중앙도서관 출판시도서목록(CIP)은 e-CIP 홈페이지(http://www.nl.go.kr/ecip)에서 이용하실 수 있습니다.(CIP제어번호: CIP2009004220)

파도에 춤추는 모래알

바닷가 모래의 생성과

움직임으로 본 바닷속 현상들

전동칠 지음

지성사

차례

어린 시절 망둑어를 낚으려 낚싯대를 메고 나섰던 길에, 갯가 둑에 앉아 바다를 바라보면서 바다 한가운데서 인어가 솟아오르는 상상을 했던 적이 있다. 그 후로 상상 속의 인어는 바다에 관한 내 궁금증의 기억 저편에 자리 잡고서 가끔씩 내 상상의 방을 여는 열쇠가 되어 주곤 했다. 바닷가의 갯벌이나 모래 바닥은 왜 주름이 잡혀 있으며 그 무늬는 하나같이 다른 걸까, 한여름 무더운 해수욕장에서 갑자기 어디선가 불어오는 바람은 왜 그렇게 시원한 것인지, 모래 해수욕장에서 파도에 쓸려나간 모래는 어디로 간 것일까 등등.

이러한 어린 시절의 바다에 관한 자잘한 호기심과 상상은, 나를 결국 바다를 공부하고 연구하는 해양과학자의 길로 인도하는 계기가 되었다. 해양과학자의 길을 선택하고 그 길을 걸으며 행복한 나는, 어린 시절의 나와 비슷한 호기심을 가지고 있거나 또는 막연하게 바다를 동경하는 청소년들에게 좀 더 바다와 친근해지고 바다를 이해할 수 있도록 작은 안내서를 만들어 주고 싶었다. '바다' 하면 가장 먼저 떠오르는 이미지인 동시에 바닷가에 갔을 때 제일 먼저 눈에 들어오는 것은 아마도 '모래와 파도'일 것이다. 그렇게 친근한 이미지 '파도에 춤추는 모래'에 실려 있는 과학을 설명함으로써 우리의 청소년들이 바다에 대한 동경과 꿈을 좀 더 구체화하는 데 작으나마 도움이 되었으면 하는 마음에서 이 책이 시작되었다.

바다와 대기는 물[액체]과 공기[기체]로 채워져 있으며, 그 경계인 해수면을 통하여 물질과 에너지[열] 그리고 운동량을 서로 교환하는 하나의 시스템이다. 이 책에서는 갯가의 작은 현상에서부터 넓은 바다의 대규모 현상에 이르기까지를 바닷가 모래알의 생성과 움직임을 통하여 바라보며, 대기와 바다 그리고 육지의 상호작용과 반응을 이야기한다. 가능한 한 청소년의 눈높이에서 설명하려고 노력했으나, 과연 쉽게 다가갈 수 있도록 설명했는지 조심스럽다. 특히, 어려운 수식을 모두 빼고 말[글]로서 과학적 개념을 설명해야 하는 부분에서는 한계를 느꼈다. 그럼에도 이 책을 통하여 바다에 흥미를 조금이라도 더 느끼게 되는 청소년이 한 명이라도 더 생긴다면 좋겠다는 희망을 가져 본다.

2010년 1월

전동철

1부
여러 가지 해변의 기억

쏴아아 철썩 떼구르르르

쏴아아 철썩 자구르르르

자갈해안으로 유명한 경남 거제도 학동의 몽돌모오리돌 해변에 서면 매끄럽고 동글동글한 자갈들이 파도에 부딪혀 떠밀리듯 오가는 소리가 정겹게 들린다. 전남 보길도 해변과 함께 우리나라에서는 드물게 모래가 아닌 자갈로만 이루어진 해변이다. 인적이 드문 노을질 무렵, 다른 해수욕장이라면 모래밭에서 기어 나와 마치 귓속말하듯 자그락거리는 '조개들의 이야기'가 이곳에서는 하루 종일 파도에 휩쓸려 굴러다니는 '자그마한 자갈몽돌들의 수다'로 둔갑한다. 몽돌은 마치 동짓날 먹는 팥죽 속 새알심을 살짝 눌러 납작하게 만들어 참기름을 묻혀 놓은 듯 반질반질하다. 이런 몽돌

△ 검은 자갈몽돌로 유명한 거제도 학동해수욕장

자갈 속에서 보물이라도 찾듯 찌그러진 진주와 흑진주 그리고 잿빛 고무공, 진녹색 오자미, 자그마한 절굿공이 모양의 자갈들을 찾고 있으면 어느덧 어린 시절로 돌아가는 듯하다.

끊임없이 해변으로 밀려와 부딪치는 파도는 몽돌해변에 보이는 거의 모든 돌멩이화강암뿐만 아니라 간간히 섞여 있는 조개껍데기마저 자갈 사이에서 서로 부딪쳐 구르게 하여 둥글둥글 다듬어 놓았다. 일반적인 모래해변과 달리 자갈해변은 어떻게 생기는 것일까? 육지의 깊은 계곡에 있던 바위암석가 긴 시간에 걸쳐 서서히 풍화작용암석이 물, 햇빛, 공기, 생물 등의 작용으로 서서히 파괴되거나 분해되는 일을 받으며 계곡과 강의 상류를 지나 하구까지 내려오면서 모래가 되어 해

△ 모래해변에 부서지는 파도

변에 쌓이는 모래해변과는 달리, 암석을 나르는 강의 줄기가 상대적으로 짧아 바위가 모래알이 될 만큼의 충분한 시간이 주어지지 못했거나 아예 바닷가에 있던 암석이 파도에 쓸려 작은 자갈로 변해 바닷가에 쌓여서 만들어졌으리라 추측할 수 있다.

'햇빛은 쨍쨍 모래알은 반짝'이던 8월의 어느 날, 부산에 있는 부경대학교당시는 부산수산대학교의 실습선을 타고 동해를 관측하던 중 폭풍을 피해 이틀 동안 정박해 있었던 포항의 북부해수욕장이 생각난다. 모래가 너무 뜨거워 맨발로 걷기 힘들었던 백사장은 한적했고, 바닷가에 쳐 있던 몇 개의 파라솔은 한여름 개 혓바닥처럼 늘어져 있었다. 피항 후에는 딱히 할 일이 없을 뿐더러 무더위가 기승을 부리던 터라 더위를 참지 못하고 바닷물로 뛰어들었다. 물로 뛰어든 지 채 5분도 되지 않아 이를 떨며 닭살이 잔뜩 돋은 팔뚝을 비비면서 백사장으로 되돌아 나오고 말았다. 서해의 뜨뜻한 물과는 달리 동해는 여름이라도 남풍이 불

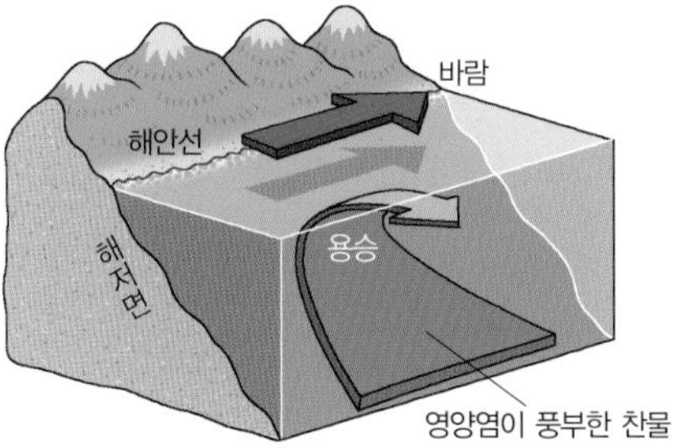

△ **용승현상** 여름철에 바람이 해안선과 평행하게 지속적으로 불 때, 지구 자전의 영향으로 바닷물의 표층수가 바다 쪽으로 빠져나가게 되면 이를 메우기 위해 바다 깊은 곳의 차가운 물이 표면으로 솟아오르는 자연현상이다.

면 바다 깊은 곳의 차가운 물이 해수면으로 올라오는 용승湧昇현상 때문에 바닷물이 차가웠다. 한여름에 차가운 바닷물에 해수욕을 해보고 싶은 사람은 7~8월에 포항과 부산 사이에 있는 해수욕장에 가면 직접 체험할 수 있을 것이다.

이 용승현상은 우리나라 동남해안에 남풍이 며칠 동안 계속해서 불 때, 지구 자전의 영향으로 해수면 가까이에 있는 물표층수이 해변으로부터 멀어지면 그 자리를 메우기 위해 아래층의 찬물이 솟아오르는 현상이다. 이때 솟아오른 찬물은 대기 중의 따뜻한 공기를 차갑게 식히면서 안개해무를 발생시킨다. 남풍이 지속적으로 부는 여름철에 이 부근 해역을 지나는 선박들은 안개에 주의해야 한다. 또한 이 지역은 맑은 날 한낮에도 바닷물 속에서는 추위를 견디기 힘들 정도로 물의 온도가 매우 낮다. 한낮의 따가운 땡볕으로 백사장을 걷는 사람의 발바닥은 '뜨거운 양철 지붕 위의 고양이' 신세이지만, 일단 바닷물에 몸을 담그면 추워서 10분도 견디지 못하고 뛰쳐나올 수밖에 없다.

인천이 고향인 나는 어릴 적부터 끝없이 펼쳐진 서해안의 갯벌과 친숙했다. 꼼질거리며 게가 부지런히 들락거리는 구멍, 망둑어 낚시를 하는데 낚싯대와 엄지발가락에 동시에 꽃게가 물려 올라와 울고 웃었던 기억들이 '인어에 대한 환상'과 함께 기억 저편에 남아 있다. 벗은 옷가지를 낚싯대에 둘둘 말아 묶어 어깨에 둘러메고 물이 차 있는 갯골을 피해 이리저리 돌아다닐 때면 미끈거리는 갯바닥 위에서 중심을 잡으려 다섯 개의 발가락을 곧추세워 걸었던 기억과 갯벌의 흙이 발가락 사이로 삐져나오던 간지

△ 끝없이 펼쳐진 서해의 갯벌

러운 느낌은 지금도 생생하게 느껴지는 듯하다.

해변이라고 하면 사람들은 흔히 모래밭을 떠올린다. 여름철에 피서를 위해서 놀러 갔던 해수욕장에서의 갖가지 추억과 함께 말이다. 사실 우리나라 해변 중 자갈해변은 좀 드문 편이지만, 관심을 갖고 관찰해 보면 돌이나 암벽으로 된 해변이 모래해변보다 더 많이 분포해 있다는 사실을 알 수 있다. 그럼에도 많은 사람들이 여러 종류의 해변 중 유독 모래해변을 떠올리는 것은 그곳에 각자의 즐거운 추억과 낭만이 서려 있기 때문일 것이다.

이렇듯 우리 사람들에게 다양한 형태로 휴식 공간을 제공할 뿐만 아니라 수산자원의 보고이기도 한 바다와 바닷가는 늘 아름답고 부드러운 모습만을 간직하고 있지는 않다. 때로는 큰 파도와 해일 따위로 사람들에게 두려움을 주기도 하고 해안의 낮은 지대에는 재해를 가져다주기도 한다.

2부
파도는 왜 일어나는가?

하얗게 부서지는 파도를 바라보며 사람들은 어떤 생각을 가장 먼저 떠올릴까? 아마도 바다와 연관된 경험이 풍부하지 않은 사람은 일상의 지루함을 날려 버리는 해방감이나, 바다와 얽힌 지난날의 추억을 떠올리게 될 것이다. 그러나 작은 고깃배에 의지해 생계를 꾸려 가는 어부라면 '웬 바람이 오늘따라 이리도 세지? 파도를 자게 해달라고 해신제라도 지내야 하나.'라며 걱정 어린 불평과 한숨을 내쉴지도 모른다.

그렇다면 해양 관측이 주요 업무 중의 하나인 해양학자에게 먼 바다의 하얀 파도는 어떤 느낌일까? 나의 개인

△ 암벽해안에서 끊임없이 부서지는 파도

적 경험을 이야기하면 '흔들리는 배 위에서의 멀미'로 기억된다. 뱃멀미 때문에 속이 메스꺼운 느낌을 참으면서도 바다를 관측하려 애썼던 언짢았던 기억이, 일상으로부터의 탈출이나 낭만적 감상보다 먼저 떠오른다. 또한 어떤 사람에게는 배고픔으로 떠올려질지도 모르겠다. 배의 흔들림으로 저절로 운동 되는 환경 때문에 배 위에서는 육지에서보다 배고픔을 쉬이 느끼기 때문이다.

이때 분명한 사실 하나는 경험이 풍부한 어부나 해양학자는 먼 바다에서 파도가 하얗게 부서지는 정도를 보고도 자신이 타고 있는 배가 그 파도 위에 있게 된다면 어느 정도나 흔들릴지를 대략 가늠할 수 있다는 것이다. 특히

고기잡이로 생계를 꾸려 가는 어민들에게 파도는 삶의 한 부분으로 일반 사람들과는 다른 의미로 다가선다. 수년 전에 전 세계적으로 시선을 끌었던 인도네시아 수마트라 부근 해저에서 발생한 지진으로 인해 근처 반다아체해안을 휩쓸었던 '지진해일쓰나미'이나, 영화에 자주 등장하는 폭풍또는 태풍에 의해 발생하는 '폭풍해일'과 같은 거대한 규모의 파도는 이들의 생명과도 연결되어 민감하지 않을 수 없다.

이러한 파도는 왜 생기는 것일까? 원래 물이나 공기와 같은 유체流體 기체와 액체를 아우르는 말는 고체와 달리, 바람이나 중력과 같은 외부의 힘이 가해지면 그 모양이 변형될 뿐 아니라 내부에 그 무게중심을 낮추려는 흐름이 생긴다. 보통 '파도'라고 하면 액체인 바다가 기체인 대기와 접하는 경계면에서 액체의 표면이 시시각각 변형되는 것풍파을 말한다. 그러나 과학적으로 접근해 보면 파도또는 파랑波浪는 발생 원인이나, 발생 후에 다시 원상태로 복귀하려는 복원력復原力에 따라 여러 가지로 나뉜다. 물속에서의 밀도 차이로 인해 발생하는 내부파內部波, 지구 자전의 영향을 받는 대규모 행성파行星波, 바람이 없어도 물의 표면장력에 의해

바다에서 발생하는 파도의 종류는

풍파風波 보통 바람에 의해 바다 표면에 만들어지는 파도. 지구 중력에 의해 퍼져 나가기 때문에 '중력파' 라고도 한다.

너울 태풍이나 폭풍처럼 강한 바람에 의해서 만들어진 풍파 중에서 그 에너지가 크게 줄어들지 않고 발생지점으로부터 멀리까지 빠르게 전파되어 온 장주기파파도 모양이 반복되는 주기가 긴 파도로서 그 모양이 매우 규칙적이다.

내부파內部波 주로 물속의 위와 아래층의 밀도 차이에 의해서 발생하는 파도. 제2차세계대전 당시 일본에서 만든 잠수함을 진수시키던 중 내부파에 휩쓸려 잠수함이 두 토막 났던 사건으로 내부파의 위력이 세상에 알려졌다.

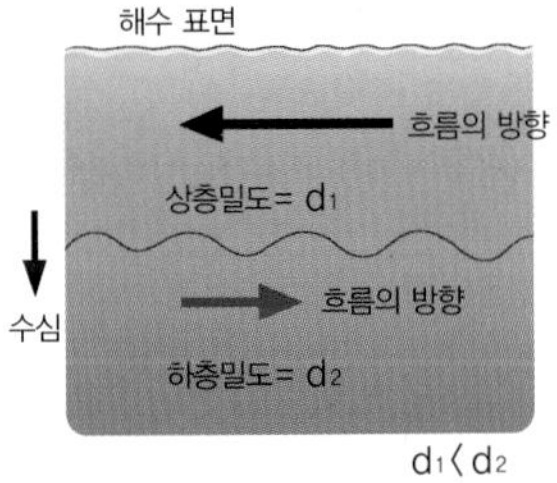

△ 내부파의 발생 원인은 여러 가지가 있지만 주로 밀도가 서로 다른 상하 수층 사이에서 서로 다른 흐름이 있을 때 발생한다.

행성파行星波 지구 자전에 의한 전향력코리올리의 힘_지구의 자전축에 대하여 회전하는 원운동 속도가 위도에 따라 다르기 때문에 발생하는 힘이며, 북반구에서는 운동 방향에 대하여 오른쪽, 남반구에서는 왼쪽으로 작용한다.이 위도에 따라 차이를 보이는 것 때문에 생기는 로스비파波와, 한쪽 측면에 육지 경계를 두고 진행하면서 경계면에서 멀어지는 방향으로는 급격하게 크기가 감소하는 조석파를 일컫는 켈빈파波를 포함한다. 행성파는 우리 눈에 보이는 풍파와 달리 규모가 매우 크다. 특히 로스비파는 바다와 대기 중에서 보통 수십~수천 킬로미터의 파장을 지닌다.

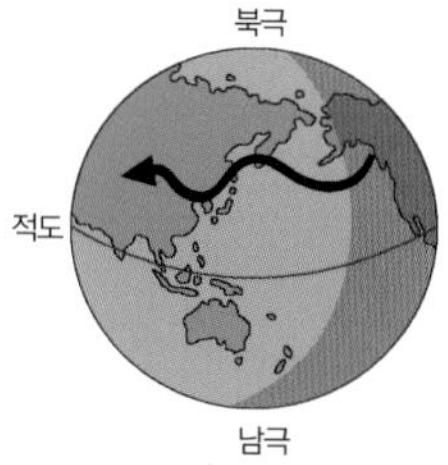

△ 행성파의 일종인 대기 중 로스비파의 지구 상의 규모와 파동의 진행 형태

표면장력파表面張力波 물이 지닌 표면장력표면적을 작게 하기 위해 물 분자끼리 서로 잡아당기는 힘 때문에 생기는 아주 작은 규모파장은 수밀리미터 이내의 잔물결.

△ 넓은 바다의 잔잔한 파도(왼쪽)와 폭풍이 불 때 해안으로 몰아치는 파도(오른쪽)

발생하는 잔물결인 표면장력파表面張力波 등이 있으며 이외에도 그 종류는 많다. 여기서는 그중 주로 바람에 의해서 파도가 발생하고 지구 중력에 의해 다시 잔잔하게 복원되는 풍파風波에 관해서만 이야기하기로 한다.

파도를 일으키는 바람이 부는 원리

햇볕이 내리쬐는 무더운 여름날, 해수욕장에서 갑자기 '휘익' 바람이 불어와 시원해졌던 경험이 누구나 한 번쯤 있을 것이다. 이것이 바로 바닷바람해풍海風이다. 한낮에는 육지가 바닷물보다 더 쉽게 태양열에 가열되므로 지상의 공기도 덩달아 데워져 가벼워진다. 땅지열이 공기를 데우는 난로 역할을 하며, 이때 데워진 공기는 따뜻해지기 전의 찬 공기보다 밀도가 작아져 가벼워진다. 육지의 가벼워진 공기가 대기 중으로 높이 올라가면 상대적으로 차가운 무거운 바다 위쪽의 공기는 빈 공간을 메우기 위해서 육지 쪽으로 들어와 바닷바람이 불어오게 되는 것이다. 밤이 되면 반대로 육지가 바닷물보다 빨리 식어 버리므로 무거워진 지상의 찬 공기가 바다 쪽으로 부는 뭍바람육풍陸風이 부는 현상이 나타나게 된다.

어째서 낮에는 육지가 바다보다 빨리 데워지고, 밤이 되면 더 빨리 식는 것일까? 그 대답은 땅과 물의 비열比熱의 차이에서 찾을 수 있다. 비열이란 물질 1그램의 온도를 섭씨 1도 올리는 데 필요한 열량과 물 1그램의 온도를 섭씨 1도 올리는 데 드는 열량의 비율을 말한다. 따라서 물의 비열은 1이고, 물의 온도 변화가 열량또는 열에너지을 재는 기준이 되었다. 물의 비열이 1이라는 것은 모든 물질 중 가장 비열이 높다는 뜻으로, 물을 데우기 위해서는 다른 어느 것보다 많은 열이 필요하다. 이러한 이유로 육지가 바닷물보다 빨리 더워지고 빨리 식는다.

육풍과 해풍이 하루 동안 낮과 밤 사이의 바다와 육지의 비열 차이로 생기는 현상인 것과 마찬가지로 일 년을

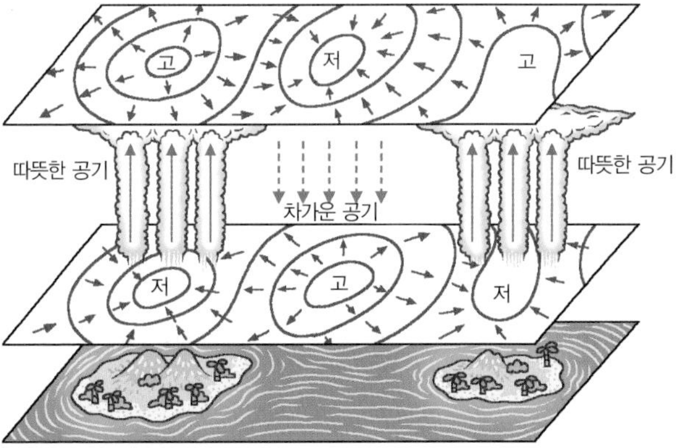

△ **두 개의 섬 사이에 한낮에 형성된 공기의 흐름** 한낮에는 육지섬에 의해 데워진 따뜻한 공기가 상승하고, 바다 쪽의 상대적으로 차가운 공기가 그 빈 공간을 채우기 위해 육지섬 쪽으로 해풍이 분다. 대기 상층에서는 이와 반대로 기압이 배치되어 수직 순환이 이루어진다. 이것을 일 년 주기로 변하는 계절풍에 대응시켜 보면 이 그림은 여름철의 기압 배치도에 해당한다.

주기로 보면 주로 대륙의 동쪽 해안에서 계절에 따라 큰 규모로 바람의 방향이 반대로 바뀌는 현상을 관찰할 수 있다. 우리나라에서 겨울에는 북풍또는 북서풍, 여름에는 남풍또는 남동풍이 주로 부는 계절풍몬순이 이 현상에 해당한다. 이것은 여름과 겨울에 고기압과 저기압이 발달하는 위치가 서로 바뀌면서 계절에 따라 바람의 방향이 반대로 불어 생기는 현상이다. 일 년 주기로 바뀌는 이런 계절풍현상은 지구 상의 대륙 동쪽 지역에서는 대부분 매년 반복적으로 나타난다. 계절풍은 바로 대륙의 영향을 크게 받으며 일교차와 연교차가 크다는 특징을 갖는 대표적인 대륙성 기후 중의 하나이다.

바람이 부는 원리를 쉽게 이야기해 보면, 서로 이웃한 공기 기둥의 밀도가 다를 때에 밀도가 더 높은즉, 더 무거운 또는 더 차가운 공기가, 밀도가 낮은즉, 더 가벼운 또는 더 따뜻한 공기를 위로 밀어내고 그 자리를 차지하기 위해 수평으로 이동하는 것이 바람이다. 공기는 왜 이런 방향으로 움직이는 것일까? 그것은 지구가 무거운 물체를 끌어당기는 힘이 가벼운 물체를 당기는 힘보다 더 세기 때문이다. 그래서 무거운 물체는 더 무겁게 느껴지는 것이다! 물론, 울퉁불퉁한 지형에 영향을 받거나 위치에너지의 차이지면으로부터의 높이 또는 지구 중심으로부터의 거리 차이 때문에 공기바람가 비탈진 경사를 따라 움직이기도 한다. 그러나 주변에 장애물이 없는 지상에서 공기는 대체로 수평 방향으로 이동한다.

외부로부터 물리적인 힘이 작용하지 않는 한, 지구 상의 모든 물체는 위치에너지를 줄이는 방향으로 이동하게 되어 있다. 이것은 물이 높은 데에서 낮은 데로 흐르는 원리와 같다. 바로 중력의 힘이다. 고체와 액체는 물론이고 아무리 가벼운 기체일지라도 중력으로부터 자유로울 수는 없다. 중력이란 뉴턴의 '만유인력법칙모든 물체는 서로 끌어당기는 힘을 가지며 그 힘의 세기는 두 물체의 질량의 곱에 비례하고 두 물체 사이의 거리의 제곱에 반비례한다는 법칙'에 의해 두 물체 사이에 서로 끌어당기는 힘의 한 종류이다. 이 중력에 의해 모든 물체는 지면으로부터의 높이를 낮추면 그 물체가 지닌 위치에너지도 줄어들게 되는 것이다. 지구 중력에 의해 공기 덩어리가 가진 위치에너지를 변화시키는 과정에서 발생하는 공기의 흐름이 바로 바람이다.

그렇다면 바다 위에서 바람이 불면 어떤 현상이 일어날까? 바람과 바닷물의 표면과의 사이에 마찰이 생기는데 바닷물의 표면은 액체이므로 고체인 육지와 달리 액체바닷물의 표면 형태를 변형파도시키게 된다. 즉 파도를 만듦으로써 바람에 의한 마찰력바람응력에 반응하는 것으로, 바꾸어 말하면 바람응력에 대한 해수면의 반응이 바로 파도이다. 여러분도 이미 알고 있듯이 바람이 세게 불면 파도가 높게 인다. 즉, 사람들은 바닷가에서 파도가 일렁이는 정도와 파도가 하얗게 부서지는 모양을 보고 해수면 위에서 바람이 어느 정도 세게 부는지를 대강 짐작하게 된다.

파도를 일게 하는 바람응력은 해수 표면에서 어떻게 작용하는가?

바닷물의 표면 위로 바람이 불어 바람과 수면 사이에 마찰력바람응력이 작용하면 잔잔하던 해수면은 '난류의 작용(25쪽 난류운동이 뭐지? 참조)'으로 순식간에 표면이 불규칙해지면서 파도가 일게 된다. 너무나 순간적으로 이루어지는 과정이라서 이를 물리학적 이론을 적용하여 복잡하게 설명하다 보면 경이로운 자연의 섭리를 오히려 훼손하는 것이 아닌가 하는 착각이 들 정도로 찰나적이다.

한여름 한적한 바닷가에서 바람은 전혀 불지 않고 해수면 위로 햇살이 부서져 내려 눈뜨기가 힘들 정도일 때에도

△ 바다 위에서 잔잔하게 부서지는 햇살

난류운동이 뭐지?

난류亂流는 유체기체와 액체 내에서 유속, 운동량, 바람응력 등과 같은 여러 가지 물리량들이 시간적, 공간적으로 예측할 수 없는 변화를 보이면서 불규칙하게 흐르는 흐름을 말한다. 즉, 짧은 시간과 규모가 작은 공간에서 불규칙한 변동성을 보이기는 하지만, 통계적으로 이 물리량들의 평균값은 무시할 수 있는 정도라고 한다. 만약 그 평균값이 사라지지 않는다면 그것은 난류운동 이외에 평균적인 흐름해류 따위 이 포함되어 있다는 것을 뜻한다. 비행기가 대기 중에서 난기류를 만나서 흔들리는 현상이나, 잠수함이 수중에서 갑자기 흔들리는 현상은 같은 종류의 난류운동이다.

난류운동은 고정된 경계면이 있고 없고에 따라 두 가지로 구분하기도 한다. 서로 다른 속도를 가지고 움직이던 유체 덩어리가 만나 그 사이에서 발생하는 난류현상은 '자유난류' 라고 하고, 고정된 물체벽에 대한 마찰력 때문에

△ **공장 굴뚝 위의 난류(왼쪽)와 층류(오른쪽)의 연기 모양** 왼쪽 굴뚝 주변에 형성된 상승기류가 난류를 형성하고 있어 연기가 난류 확산을 하며, 오른쪽 굴뚝 주변에서는 난류 확산을 억제하고 한쪽 방향으로만 바람이 약하게 불어 층류 연기의 흐름이 발생하고 있다.

그 주변에서 발생하는 난류현상은 '벽난류' 라고 하여 구분한다. 바람이 파도를 일으키는 과정은 자유난류의 한 예이고, 저층에 흐르는 해류에 의해 해저면 바닥 주변에 발생하는 난류과정이나 파이프 속을 흐르는 수돗물은 벽난류의 한 현상이다. 그 외에도 우리 눈으로 보며 쉽게 구분할 수 있는 자유난류현상으로는, 연기가 굴뚝에서 주변으로 퍼져 나가는 모양이나 파도가 부서져 하얗게 물거품이 생기는 과정 등을 들 수 있다.

해수면에 잔잔한 물결이 이는 모습을 본 적이 있을 것이다. 바람 한 점 없으니 당연히 바닷물의 표면은 유리처럼 매끄러워야 할 텐데 어찌된 일인지 가물가물 잔물결이 부서진다. 이것은 물의 '표면장력' 때문에 생긴 물결로 표면장력파이다. 이렇듯 바람 한 점 없는 해수면에 발생하는 잔물결은 바람 때문에 이는 풍파風波보다 일반적으로 파장波長 파도 모양이 반복되는 길이이 훨씬 짧다. 바람이 불지 않아도 물의 표면장력 때문에 바닷물의 표면이 잘게 부서진다면 유리처럼 매끄러운 해수면은 존재할 수 없는 것일까? 대답은 '존재한다'이다. 그런 경우를 바다 위에서 직접 볼 수 있다. 다만, 일시적으로 일정한 대기압이 한정된 수평범위의 해수면을 뒤덮어 표면장력파를 억제하는 경우이거나, 폭풍이 불기 직전에 형성되는 고요한 표면의 경우로 한정된다.

다시 바람에 일렁이는 파도에 의해 거칠어진 바다로 시선을 되돌려 보자. 풍파에 의해 해안에서 발생하는 연안류와, 파도에 밀려 이리저리 쓸려 다니는 모래알의 운동에는 어떤 과학적 요소들이 숨어 있는지 하나씩 찾아 보도록 하자.

3부
파도에 밀려온 모래알의 운명

파도와 백사장, 갈매기와 바위섬 따위는 우리가 바닷가를 떠올릴 때면 쉽게 연상되는 풍경들이다. 따가운 햇살 아래에서 모래찜질을 하거나, 파도를 이용해 서핑을 즐기는 젊은이들의 활기찬 모습 또한 빼놓을 수 없는 바닷가 풍경이다. 바다는 자연 풍광뿐만 아니라 '저 멀리 구름이 맞닿은 수평선 너머에는 무엇이 있을까?' 궁금해 하는 소년에게는 호기심과 경외의 대상이기도 하다. 그러나 모래성을 쌓거나 신나게 모래사장을 뛰노는 천진난만한 아이들은 물론 그 모습을 흐뭇하게 바라보는 어른조차 인간과 그렇게 친숙한 파도와 해변의 모래에 대해서는 잘 알지 못

△ 바위해변 주위에 쌓인 모래톱(왼쪽)과 바닷가 해변을 뛰노는 아이들(오른쪽)

한다. 더구나 그 속에 과학이 숨어 있다고는 상상도 못하는 것 같다.

우리가 술래잡기를 하며 맨발로 뛰어다니는 바닷가 모래밭의 모래는 앞에서 잠깐 이야기했듯이 그저 무심한 자연의 법칙에 따라 육지의 산속에서부터 강을 지나 해변까지 '풍화작용암석이 잘게 부서지고 둥글게 깎이는 '기계적 풍화'와, 산화 등으로 암석의 내부구조가 변질되는 '화학적 풍화'를 모두 포함'을 겪으며 떠내려와 해변을 이루고 있는 것이다. 혹은 해변까지 밀려온 조개껍데기가 오랜 시간 동안 파도에 부서지고 깎여 작은 알갱이로 풍화되어 백사장을 이루고 있다. 그러면 지금부터는 이들 모래가 바닷가에 오게 되기까지의 과정 속에 담

긴 자연의 법칙들을 과학이라는 '색안경'을 끼고 하나씩 들추어 보도록 하자.

해변에 부서지는 파도에 몸을 맡기고 이리저리 휩쓸려 다니는 바닷가 모래알의 운명은 참으로 다양하다. 해안에서 파도에 의해 생성되는 해류연안류에 실려 떠다니다가 사주砂洲 모래톱, 조류에 의해 강 하구 부근에 형성되는 모래와 자갈로 이루어진 퇴적지형. 불안정하여 파도의 조건에 따라 쉽게 이동하거나 발달 또는 쇠퇴하기도 한다. 사주가 발달하면 바닷물을 가두어 석호潟湖 lagoon를 만들기도 한다를 형성하기도 하고, 바닷가로 밀려와 해수욕장을 만들기도 한다. 그러다가 폭풍에 의한 큰 파도나 심해 지진으로 해일을 동반하게 되는 지진해파地震海波 쓰나미라도 해변을 덮치는 날이면 해변의 모래알은 이들 파도에 휩쓸려 순식간에 바닷속 깊은 곳으로 말려들어 가게 된다. 그중에는 영영 해변으로 다시 밀려나오지 못하고 해저 땅 밑에 묻혀 오랜 세월을 보내다가 해저 퇴적물로 굳어지는 것도 있다. 때로는 수백만 년 혹은 수억 년 크기의 지질학적 시간이 흐른 뒤 지각운동에 의해 육지로 솟아올라 거대한 산이 되어 육지로 돌아오는 것도 있을 수 있다. 실제로 북미대륙의 그랜드캐니언, 히말라야, 스칸디나비아 반도의 융기된 산 속에서 조개껍데기 혹은 고래 뼈가 화석으로 묻힌 사암砂岩 모래가 뭉쳐서 단단하게 굳은 암석으로 발견되는 것 중에는 이런 과정을 거친 모래가 포함되어 있을 것이다. 물론, 지각의 융기와 침강, 풍화작용과 같은 현상은 지질학적 시간단위로 오랜 세월에 걸쳐 이루어지므로, 파도와 파도에 의해 움직이는 모래의 이동은 이에 비교할 수 없을 만큼 매우 짧은 시간 내에 이루어진다. 그럼에도 그 과정 속에는 '연안류沿岸流 해안선에 대체로 평행하게 흐르는 해류'를 따라 이리저리 쓸려 다니는 백사장의 모래와 파도 그리고 연안류 사이에서, 해저마찰력파도의 진행 방향에 반대로 작용하는 해저면에 의한 저항력에 의해 일어

△ 백사장 한가운데에 난 잔물결 모양으로 바람의 방향과 난류운동의 규모를 추측할 수 있다(왼쪽). 해안선 부근의 수심과 지형을 보여 주는 물 색깔로 연안류에 의해 혼탁해진 부유모래의 경계가 보인다(오른쪽).

나는 파도의 부서짐, 연안에서 생기는 파도의 변형, 파랑에너지, 퇴적과 침식 등과 같은 여러 가지 흥미로운 과학적 현상들이 벌어지고 있다.

가상으로 모래해변의 경사를 따라 바다를 수족관처럼 수직으로 자른 단면을 통해 해변의 모래알이 어떻게 이동하는지 들여다보자. 모래알들은 파도또는 파랑의 세기파고의 높이에 따라 부유 퇴적물로서 바다외해外海 육지로부터 멀리 떨어져 있는 바다 쪽에서 해안으로 수중에 뜬 상태로 밀려왔다가 해변에 부딪친 후, 해저 경사면을 따라 깊은 바다 쪽으로 휩쓸려 나간다이것을 '언더토우'라고 함. 비행기를 타거나 주변의 높은 지역에 올라가면 물에 떠서 이동하는 모래알부유 퇴적물의 이동을 관찰할 수 있다. 부유 퇴적물은 해안선에 나란한평

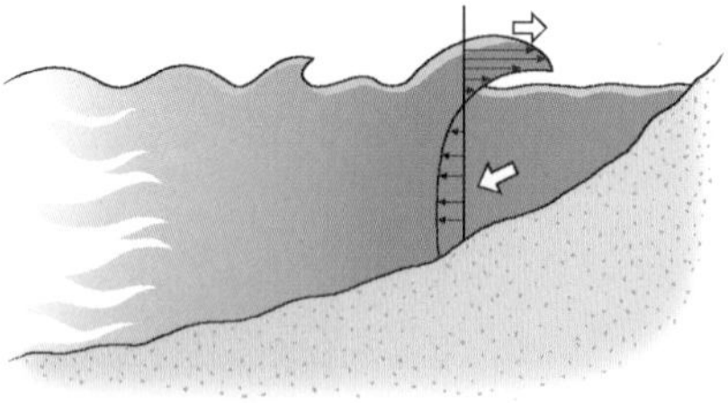

△ **언더토우의 개념도** 바닷가 표층에서 파랑에너지가 해안 쪽으로 전달되는 모양과 하층에서 그 에너지가 바깥쪽으로 빠져나가는 '언더토우'의 모습을 나타낸 것이다.

△ 해안에 형성된 이안류

행 방향으로 연안류를 따라 쓸려 가다가 이안류離岸流 해안선에서 멀어지는 방향으로 간간히 생겨 흐르는 해류로, 주로 주변보다 상대적으로 수심이 깊은 골을 따라 흘러 나가거나 파랑에너지가 쌓이는 지점에서 바깥쪽으로 터져나가듯 흐르는 것에 실려 연안 바깥 깊은 곳으로 휩쓸려 나간다.

보통 파도가 높지 않고 잔잔한 경우에는 모래 퇴적물은 해안 쪽으로 조금씩 밀려들어 오며, 바람이 세고 파도가 높을 때에는 해수욕장의 모래 퇴적물이 수심이 깊은 쪽으로 깎여 나가는 경향이 있다. 그러나 우리가 흔히 관찰하게 되는 모양은 연안 순환연안에서의 흐름을 전체적으로 연결하는 순환 고리의 일부로, 연안류에 실려 해안선을 따라 이동하는 흐름을 보인다.

바닷가 모래 중에는 바닷물이 미치지 못해 젖지 않아서 수분이 적은 가벼운 모래도 있다. 이들은 바람에 의해 이리저리 흩날리다가 백사장 뒤쪽에 '모래언덕'을 만들기도 한다. 이렇게 형성된 모래언덕은 바다와 주거지역과의 완충 역할을 하기도 한다.

결국 바람은 해안선 위 육지 쪽에서는 마른 모래를 스스로 직접 날려 보내기도 하고, 해안선 아래 바다 쪽에서는 파도를 일으켜 연안류를 발생시킴으로써 모래를 물속에 띄워 부유 퇴적물의 형태로 이동시키기는 역할을 한다.

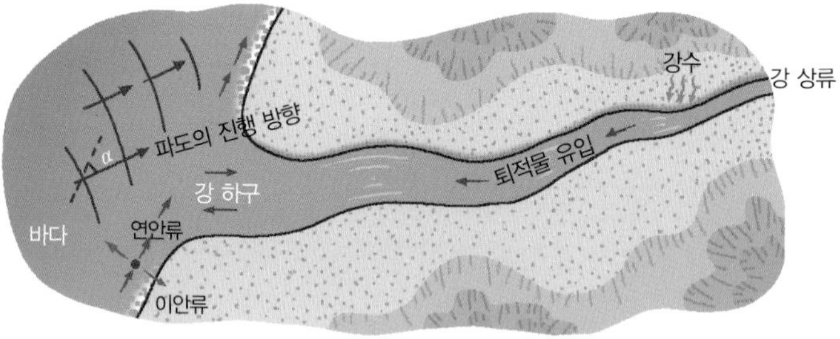

△ **강과 바다가 만나는 하구 주변에서의 강물과 퇴적물의 유입** 파도가 해안선에 비스듬히 접근할 때(파도의 접근 방향화살표과 해안선 방향점선 사이의 기울기), 연안류와 이안류의 방향을 나타냈다.

강물이 바다를 만나면 무슨 일이…?

육지를 달려온 강물이 바다로 흘러드는 어귀를 강 하구江河口라고 한다. 지형의 경사 등으로 인해 물살이 급한 강의 상류에서부터 계곡을 따라 흘러내려, 물의 흐름이 느려지고 강줄기도 구불구불해지는 하류를 지나 바닷물과 만나는 곳이다. 강 상류로부터 오랜 풍화작용을 거치면서 강물에 실려 온 육지 퇴적물을 포함하고 있는 담수강물의 화학적 구성성분은 바닷물의 성분과 매우 다르다. 특히 염분의 농도차가 심한 강물과 바닷물이 섞이게 되므로 염분의 변화가 매우 심하다. 따라서 이곳에서는 농도 등 염분이 급격하게 변하는 환경에서 잘 견디는 생물이 그렇지 못한 생물에 비해 생존할 확률이 매우 높으며, 염분 이외에도 급격한 환경 변화에 잘 견디지 못하는 생물들은 생존하기 어려운 환경을 이룬다.

강 하구의 환경은 강물이 바다로 흘러나가는 양과 바닷물이 조수 간만의 차이조석로 변화하는 바닷물의 유입량에 따라 서로 혼합되는 형태와 범위가 크게 달라진다. 따라서 강 하구의 환경도 담수가 지배적인가, 또는 해수가 지배적인가에 따라 크게 달라진다.

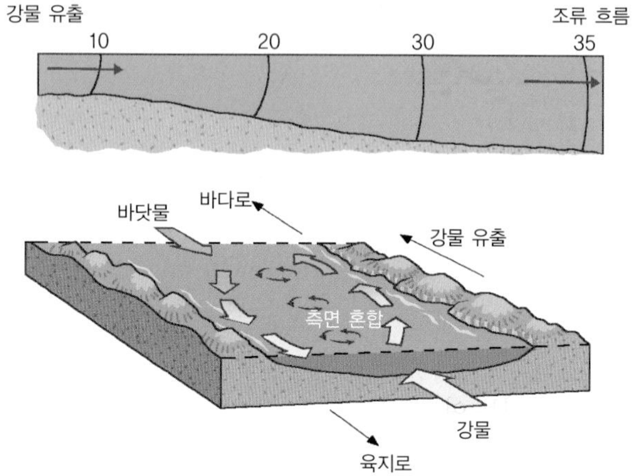

△ **강 하구의 염분 분포도와 측면 혼합** 강 하구에서 강물담수이 바다로 유출되면서 염분의 농도가 낮은 범위10은 1%의 염분을 나타내는 염분 단위에서 높은 범위35는 3.5%의 염분을 나타내는 염분 단위로 점차 변하는 염분 분포도(위)와, 단면적이 매우 넓은 경우 강물담수과 바닷물해수이 지구 자전에 의한 전향력에 의해 단면의 좌우에서 한쪽북반구에서는 오른쪽으로 치우치면서 서로 반대 방향으로 들고나는 과정의 중간에 서로 옆으로 섞이는 측면 혼합을 이루는 과정(아래).

4부
파도는 왜 부서지는가?

이제부터는 여러분과 함께 작은 모래알이 파도에 밀려 다니며 겪는 과학여행 속으로 떠나 보려고 한다. 우선 파도가 해안으로 밀려올 때 경사진 해안선에 부딪히면서 물 속의 상하층에서 무슨 일이 벌어지는지를 살펴보자.

물결이 일렁이는 바닷물의 표면을 잘 관찰해 보면, 수심이 깊은 먼 바다에서는 보통 원운동을 하듯이 둥글게 오르락내리락하는 데 비해 해안에 가까워질수록 물결의 모양은 일그러지다가 해안 부근까지 다가오게 되면 마침내 하얗게 부서지는 것을 볼 수 있다. 물론, 깊은 곳에서도 바람이 세게 불 경우에는 파도가 하얗게 깨어지는 모습을 볼 수 있지만, 파도가 잔잔하게 밀려올 경우에는 대부분 해안 가까이에서 파도가 깨어지기 마련이다. 파도가 해저면 마찰력의 방해를 받지 않고 진행하려면 수심이 파형파도 모양에 비해 충분히 깊어야 한다. 수심이 파장파고와 파고 사이의 거리의 반보다 깊으면 심해파로서 물 입자가 원운동을 하는데 방해를 받지 않는다. 파도가 해안 가까이에 도달하여

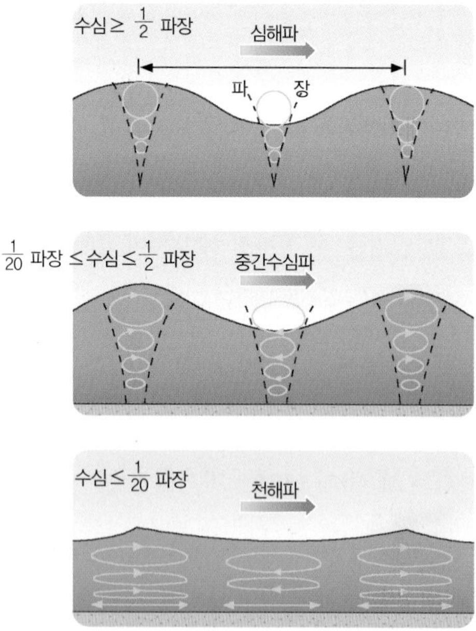

△ 심해파–중간수심파–천해파의 물 입자 운동 비교

수심이 파장의 1/20보다 얕아지면 물 입자는 해저면에서 왕복직선운동을 하는 천해파의 모양을 보인다. 그 중간 수심에서는 해저 마찰력에 의해 물 입자가 타원운동을 하게 되는데 타원의 모양은 해안에 가까워질수록 점차 더 찌그러지는 모습을 보인다.

만약 파도가 해안에 다다를 때까지 수심이 깊은 곳에서와 마찬가지로 상하로 둥글게만 오르내린다면 서핑 보드를 타고 곡예를 즐기는 즐거움은 훨씬 줄어들 것이다. 전문 서퍼의 묘기가 크게 부각되기도 어렵고 '서핑 콘테스트' 따위는 개최조차 할 수 없을지도 모른다. 왜냐하면 파도가 부서지지 않기 때문이다.

△ **서핑하기에 적합한 권쇄파**(plunge breaker) 서핑을 즐기기에 가장 좋은 곳은 해안선 쪽으로 수심이 거의 일정하게 얕아지며 바람이 같은 방향으로 불어 파도가 쇄파대에서 마치 '파이프라인'처럼 일어나면서 접근하는 해변이다.

파도가 부서지는 이유를 한마디로 정리하면 깊은 바다에서는 수층 사이의 마찰응력단위면적당 가해지는 마찰력에, 수심이 얕은 연안에서는 해저면에 의한 마찰응력에 파도또는 파랑의 자유로운 진행이 방해를 받기 때문이다. 일반적으로 파도 높이가 파장에 비해 일정 비율을 넘어서면 파형이 깨어지는 것으로 알려져 있다.

파도의 흐름을 읽는 서핑보드 선수

파도를 타 본 경험이 많은 서핑 선수들은 물결의 윗부분이 어디에서부터 해안 쪽으로 많이 쏠리고 어디쯤에서 깨어지는지를 경험상 일반 사람들보다 잘 알고 있다. 큰 파도가 밀려올 때, 서핑 선수가 보드 위에서 막 일어서서 파도를 타고 진행하는 방향을 잘 관찰해 보면, 그가 해안 백사장 쪽으로 곧바로 돌진하지 않고 파도의 정상파봉 부분에서 일어선 후에는 시간 간격을 두고 정상에 다다르는 이웃한 파봉파도 모양의 꼭대기, 마루 쪽으로 비스듬히 차례로 옮겨가면서 '파봉 열차'를 타는 것을 알 수 있다. 그것은 경험이 풍부한 서퍼는 파봉에서 해안 쪽으로 쏠리는 힘이 가장 크며 파봉 아래로 갈수록 점차 약해지다가 평균해수면

높이에서는 그 힘이 거의 없어지고, 평균해수면 이하로 내려가면 오히려 반대 방향으로 힘이 작용한다는 사실을 잘 알고 있기 때문이다. 물론, 깊은 곳에서와 달리 서핑을 즐기는 수심에서는 물결이 이는 상층파봉과 파저 사이에서는 평균적으로는 '해안 쪽으로 밀려오는 힘'이 작용한다. 그러나 해안에 막혀 부딪치고 나면 반대로 '하층에서 바다 쪽으로 쓸려 나가는 힘언더토우'이 작용한다. 이러한 과학적 원리를 서핑 선수들은 경험을 통해 체득하고 있어 일반인보다 능숙하게 파도 위를 누빌 수 있는 것이다.

여름방학에 해수욕장에 가서 바닷물이 허리쯤 잠기는 깊이에 힘을 빼고 자연스럽게 서 있어 보자. 파도가 밀려들어 오면서 내 몸을 스치고 지나가면 몸이 약간 뜨는 느낌과 동시에 해안 쪽으로 조금 밀리는 경험을 하게 된다. 그리고 잠시 후 해안선까지 밀려가 부딪쳤던 파도가 밀려나오면 파도가 종아리 부분을 스치고 밀려나가는 느낌과 함께 바다 쪽으로 다리를 밀어내 아무 생각 없이 서 있다가는 해변 쪽으로 쓰러질 것 같은 경험을 할 수 있다. 어쩌면 이미 이런 경험을 한 적이 있는 사람도 있을 것이다. 이것은 바로 바닷물 아래에서 바다로 되돌아 나가는 응력이 작용하는 '언더토우수면 아래의 역류' 때문이다. 즉, 바닷물 위쪽에서 파도 때문에 해안으로 밀려들어 온 힘잉여응력에 대하여 들어온 만큼 아래로 밀려나가는 힘언더토우이 존재한다.

백사장으로 밀려들어 온 파도에 의한 잉여응력이 빠져나갈 수 있는 공간과 방향이 어디인지를 생각해 보면, 옆으로 퍼져나가는 방향과 수면 아래를 통해서 되돌아 나가는 방법 외에는 없다는 것을 알 수 있다. 파도는 보통 한 줄기만 해안으로 밀려오는 것이 아니라 일정 공간에서 옆으로 열을 맞춘 '파봉파도의 마루 열차'가 해안선을 향해 한꺼번에 밀려들어 오므로 옆으로 퍼져나가기는 좀 곤란할 것이다. 만약 응력이 옆으로 퍼져나갈 수 없다면 아래로 되돌아 나가는 것이 유일한 탈출구일 것이고, 그것이 바로 '언더토우'가 생기는 이유다.

파도가 해안으로 밀려올 때, 어떤 물리적 현상이 일어날까?

파도는 수심이 깊은 곳에서 낮은 곳으로 움직일 때에는 물결 모양파형이 일그러지고 파도 높이파고가 변함으로써 평균수심이 따라 변하는 '천수淺水 shoaling효과'가 일어난다. 천수효과가 일어나는 이유는 수심이 얕아짐에 따라

파도와 관련 있는 물리법칙들

속도와 힘, 운동량 따위는 기본적으로 크기와 함께 방향성을 지니는 물리적인 양'벡터량' 이라고 함이며, 속력이나 질량, 부피, 시간, 온도, 에너지 등은 방향성은 없이 크기만을 가늠하는 물리량'스칼라량' 이라고 함이다. 즉, '속도' 는 어느 방향으로 얼마나 빨리 가는가를 가늠하는 양이지만, '속력' 은 방향을 따지지 않고 단순히 얼마나 빠른가만 헤아리는 개념이다. 여기서 '운동량' 이란 운동하는 물체가 가지는 벡터량의 하나로서 물체의 질량과 속도의 곱질량 x 속도으로 정의된다.

자연에 존재하는 기본적인 보존법칙 중 가장 간단한 에너지보존법칙을 예로 들면, 튀는 공의 운동에너지와 위치에너지의 합으로 나타내는 역학에너지는 위치높이에 따라 서로 성질은 바꾸지만 그 두 가지 양의 합은 보존된다는 법칙이다. 물론, 여기에 마찰력을 포함시키면 전체 에너지는 운동에너지와 위치에너지 그리고 마찰력의 합으로 표시해야 될 것이며, 그 합은 일정하다는 법칙이 여전히 성립한다. 한편, 운동하는 두 개의 물체가 서로 부딪치는 경우, 충돌하기 전과 후의 운동량의 합은 일정하다는 것이 운동량보존법칙이다.

예를 들면 '완전 탄성完全彈性 충돌시 에너지 손실 없이 완전하게 원래 상태로 복원되는 성질' 이라는 가정 하에 통통 튀는 고무공의 위치에너지와 운동에너지의 합이 일정하다는 것, 또는 마찰력摩擦力이 없다는 가정 하에 2개의 당구공이 서로 부딪쳐 튕겨나가기 전후의 운동량의 합이 서로 같다는 것 따위를 말한다.

그렇다면, 완전 탄성이 아닌 경우와 지구 상에서 마찰력은 항상 존재한다는 것에 비추어 보아도 에너지와 운동량은 보존될까? 물론 보존된다. 고무공

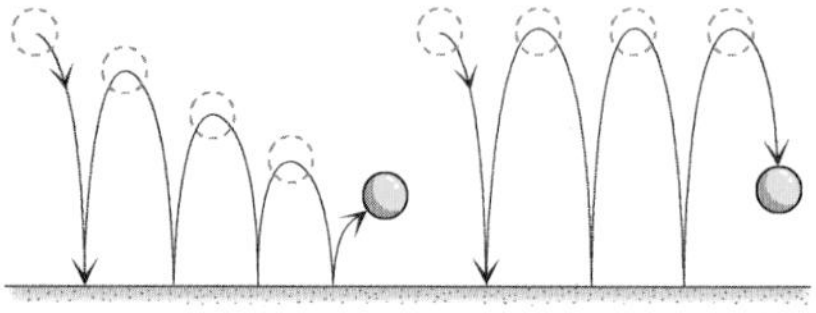

△ 불완전 탄성(왼쪽)과 완전 탄성(오른쪽)의 경우, 각각 고무공의 튀는 모양

이 바닥에 튄 후에는 운동에너지가 일부 마찰열에너지로 전환되고, 당구공이 서로 부딪치고 난 후에는 운동량의 일부가 충돌에 의해서 마찰에너지에 해당하는 만큼 운동량이 줄어들지만, '그것까지 합치면' 여전히 그 합은 일정하다.

지구의 중력은 자유롭게 움직이는 지구 상의 모든 유체를 지구 중심으로 잡아당겨서 그 표면의 위치에너지를 균등하게 만들려고 하는 속성이 있으며, 유체가 갑자기 빠져나간 공간은 다시 채워 그 위치에너지를 주변과 균등하게 만들려는 경향이 있다. 이것은 뉴턴의 만유인력법칙에 의해 유체가 반응하는 방식이다. 그 결과, 빠져나간 만큼 들어오고, 줄어든 만큼 받는다는 것이 개방된 공간에서의 연속성의 법칙이라 할 수 있다. 물론, 파이프와 같은 밀폐된 공간에서도 이 법칙은 성립한다. 이것을 물리적으로 해석하면, 들어온 유체는 같은 양만큼 빠져나가야 한다는 '질량 연속성質量連續性의 법칙'으로 설명할 수 있다. 연속성의 법칙은 에너지와 운동량의 보존법칙과 더불어 뉴턴 시대 이후 가장 일반적인 물리법칙으로 유체의 운동에서 빼놓을 수 없는 기본 개념이다.

파도가 바닥을 느끼면서 점차 모양이 변형되기 때문이다. 눈에 보이는 파도는 겉모양만 굴곡이 이는 형태를 보이지만, 실제로는 수심이 깊은 곳에서도 물 입자는 수직으로 원운동을 하고 있으며 이런 원운동은 표면으로부터 물속으로 깊이 들어갈수록 그 크기가 작아져 일정한 깊이수심~1/2 파장를 지나면 그 이하 수심에서는 파도의 움직임이 바닥에까지 미치지 않게 된다. 그런데 파도가 해안가로 밀려오면서 점차 수심이 얕아짐에 따라 파도가 바닥을 느끼게 되면, 상층의 물 입자는 원운동에서 타원운동으로 바뀌면서 점차 모양이 찌그러지게 되고 바닥 부근에서는 그 길이가 줄어든 채 왕복운동을 하게 된다(38쪽 심해파-중간수심파-천해파의 물 입자 운동 비교 그림 참조). 따라서 수심이 얕은 곳에서는 해저면 바닥의 모래알도, 표면에 이는 파도에 의한 물 입자의 타원운동 영향이 바닥까지 미치므로 강제로 왕복운동을 하게 된다.

천수효과란 단순히 파도가 변형되고 깨질 뿐만 아니라 해안 가까이에서는 평균해수면 자체가 변한다는 것이다. 정말 그럴까? 그 변화를 좀 더 설명하자면, 깊은 곳에서의 평균해수면에 비해서 해안 가까이 접근할수록 평균해수면이 약간 낮아지는 듯하다가 다시 깊은 곳에서의 평균해수면보다 약간 더 높아지는 현상이 나타난다고 한다. 일반적인 상식과는 달리 해안 근처에서 파도가 있을 때와 없을 때의 평균해수면은 서로 다르다. 물론 이러한 천수효과 외에 파도가 해안선에 부딪힌 후에 백사장 위로 바닷물이 덮쳐 올라오는 현상도 볼 수 있다.

일반적으로 해안선이나 해저지형은 일정하지 않고 보통 굴곡이 있다. 파도가 해안에 접근할 때, 파랑에너지는 해안가에서 바다 쪽으로 튀어나온 곳headland과 같은 얕은 지형으로 집중되어 꺾인다파의 굴절현상. 따라서 반대로 수심이 상대적으로 깊은 해안에서는 파랑에너지가 수심이 얕은 쪽으로 꺾이기 때문에 분산된다. 빛이 밀도가 서로 다른 매질을 통과할 때 꺾이는 것과 마찬가지로 파도도 수심에 따라 진행하기 쉬운 깊은 쪽은 빨리 진행하고, 바닥 마찰 때문에 진행하기 어려운 얕은 수심에서는 느리게 진행하므로 꺾이게 되는 것이다.

파도가 심한 날에 낚시꾼들이 해안가 바위섬 돌출부에서 흔히 사고를 당하는 이유가, 바로 이런 곳에 파랑에너지파고의 제곱에 비례한다가 집중되기 때문이다. 이런 곳은 파랑

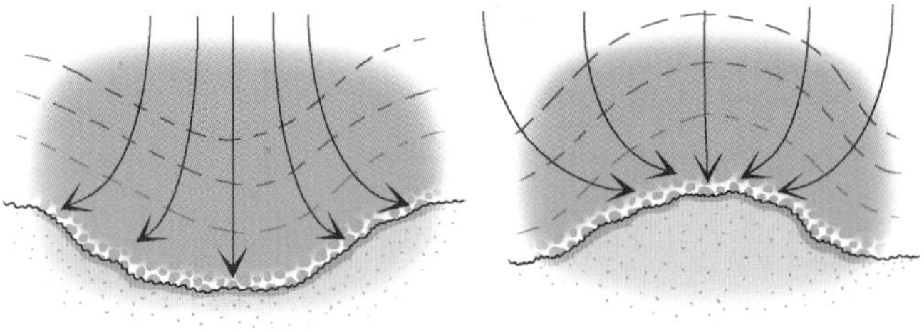

△ **해안이 움푹 들어간 만灣(왼쪽)과 바다 쪽으로 튀어나온 곶串(오른쪽) 주변에서 등수심선**점선**과 파도가 해안에 접근하는 물결선**화살표**이 흩어지거나 집중되는 모양.** 물결선이 흩어지는 곳에서는 파랑에너지가 분산되고, 모이는 곳에서는 에너지가 집중된다.

에너지가 집중되어 큰 파도가 갑작스럽게 몰아닥칠 위험이 크므로 자칫 큰 파도에 휩쓸려가기 쉬운 위험한 장소이다. 마치 볼록렌즈로 햇빛을 굴절시켜 빛에너지를 한 점에 모아 까만 먹지를 태우는 것처럼, 바다에서는 곶과 같은 돌출부 주변에 파랑에너지가 모여 큰 파도를 일으킬 수 있다. 바다에서 일어나는 지진해파인 쓰나미의 경우도 수심이 주변보다 얕은 이런 돌출부에 에너지가 집중되어 다른 곳보다 해일 피해가 커진다.

파의 굴절에 의한 에너지 집중현상과 그로 인한 엄청난 재해를 경험한 적이 있는 어부들은 지진해일이 몰려올 때 그 피해를 줄이기 위해 자신의 어선을 끌고 바다 한가운데로 나가기도 한다. 이는 어부가 과학적 지식에 근거하여 움직이는 것이 아니라 경험으로 터득한 지혜이다. 즉, 큰 해일이 몰려오면 선박이나 해안 저지대의 구조물들이 집중된 파랑에너지에 의해 육지 위로 밀려 올려질 수도 있다는 사실을 알고 있을 뿐만 아니라 해안에서는 파랑에너지가 어느 곳으로 집중될 것인지, 나아가 수심이 깊은 곳에서 오히려 자신의 선박을 지키기 쉽다는 사실을 경험을 통해 잘 알고 있기 때문이다. 아마 지진해일 예보를 듣고는 자신의 배를 끌고 미리 바다로 나간 동해안의 어느 어부의 머릿속에는, 해안에 정박해 있던 다른 배들이 동해안을 내습한 쓰나미에 의한 해일 때문에 육지로 한참 밀려 올라와 부서진 모습이나, 해안 가까이에 설치되었던 정유사의 거대한 기름 탱크가 수십 미터나 내륙으로 이동해 들어온 끔찍한 재앙에 대한 기억이 떠올랐을지도 모른다. 오히려 수심이 깊은 바다 위에 떠 있는 선박에서는 지진해일이 통과할 때 거의 그 사실조차 모르는 경우도 있다.

어째서 지진해일이 해안 가까이에서는 그렇게 큰 위력을 발휘하는 것일까? 그 이유는 일반적인 풍파와 달리 지진해일은 발생한 지점으로부터 대양을 가로질러 반대편

△ **지진해일의 위력** 1983년 일본 아키타 현 중부지방 지진의 여파로 우리나라 임원항에 밀어닥친 지진해일로 해수면이 상승하여 침수된 임원항 모습(위)과 해수면이 다시 내려간 후의 부두 모습(아래)

해안에 도달할 때까지 그 에너지가 소멸되지 않고 거의 그대로 전달되므로 상대적으로 수심이 얕은 해안에서는 전달된 파랑에너지가 마치 볼록렌즈로 태양빛을 모으듯이 집중되기 때문이다.

큰 파도가 항구 안으로 밀려올 때에 파도가 방파제 끝을 돌아서 방파제 안쪽으로도 영향을 주어 파고가 높지는 않지만 그 안쪽으로도 파도가 출렁이는 것을 알 수 있다.

이것은 바로 파도의 '회절回折현상'과 반사파反射波가 겹쳐서 나타나는 것이다. 파도가 출렁거리는 것이라 회절효과만을 육안으로 구별해 내기가 쉽지는 않지만, 빛과 마찬가지로 파랑波浪도 좁은 틈을 통과하거나 방파제 끝을 돌 때에 회절현상을 일으킨다. '회절현상'은 파빛가 진행할 때 각각의 점들이마치 호숫가에 던진 돌에 의해 동심원이 퍼져 나가듯 모든 방향으로 퍼져 나가는 파원波源으로 작용하지만, 방파제나 곶과 같은 돌출물의 끝에서는 반쪽은 방파제 등에 막히고 반쪽으로만 자유롭게 퍼질 수 있기 때문에 후방으로 휘어져 진행하게 되어 파고가 줄어드는 현상이다. 여러분은 초등학교 과학시간에 작은 구멍을 통과한 빛이 서로 간섭하여 밝고 어두운 고리 모양의 동심원을 만들어 내는 '바늘구멍 사진기'를 만들어 본 경험이 있을 것이다. 이것도 빛의 파동성과 회절 원리를 응용한 장치이다.

그 외에 파도가 해안에 부딪히면 그 에너지의 일부는 흡수되고 그 나머지는 반사되어 되돌아 나가는 현상도 볼 수 있다. 이것은 파도가 방파제 따위의 장애물을 만나면 빛과 마찬가지로 반사되기 때문이다. 따라서 방파제 벽으로 접근하는 입사파入射波와 방파제에 부딪혀서 반사되어

나가는 반사파反射波가 서로 교차되어 물결 모양이 서로 반대 방향으로 진행하는 현상진행파進行波을 쉽게 관찰할 수 있다. 항구나 만의 내부로 들어오는 파도가, 해안에서 반사된 파도와 서로 겹쳐 간섭하게 되는 경우에는 그 물결 모양파형이 진행하지 못하고 마치 일정한 곳에 머물러 진동하는 것과 같은 현상정상파定常波이 일어나기도 한다.

파도가 진행할 때 물방울 입자가 그리는 궤적은, 수심이 깊은 곳에서는 원 모양을 그리다가 해안 쪽으로 다가오면서 수심이 얕아짐에 따라 파도가 바닥을 느껴 점차 찌그러져 타원형으로 모양이 바뀐다. 파도가 바닥을 느끼기 시작하면서부터 물 입자가 해저면에서 수평으로 이동하는 거리, 즉 모래알이 바닥에서 물 입자의 왕복 수평이동에 이끌려 이동하는 거리회유이동거리가 퇴적물 수송에 중요한 역할을 담당하게 된다. 따라서 모래알의 회유이동거리는 평균적으로 해저면 바닥에서 왕복으로 운동하는 물 입자의 타원형 장축軸 길이에 해당된다(38쪽 심해파-중간수심파-천해파의 물 입자 운동 비교 그림 참조).

파도가 일거나 연안류가 존재할 때, 모래가 이동하는 방식은 보통 부유 퇴적물浮游堆積物로 물에 떠서 이동하거나, 흐르는 물의 밑바닥에서 해저 퇴적물海底堆積物로 해저면을 따라 움직이는 것이 대부분이지만, 큰 파도가 치거나 해일이 덮치면 이러한 구분 없이 한꺼번에 휩쓸려 이동하기도 한다. 몇 년 전 인도네시아 반다아체해안에 쓰나미에 의한 해일이 밀어닥쳤을 때, 그야말로 육상에 있는 것들을 몽땅 휩쓸어가 버린 이후 해안 저지대의 지형이 확 바뀌었다. 해안은 대부분 물에 잠기고 해안선은 상당히 후퇴한 위성사진을 본 적이 있다. 이러한 해일이나 폭풍에 의한 큰 파도를 제외하고 일반적으로 우리가 마주하게 되는 정도의 파도가 일 때, 물에서 부유 퇴적물로 떠서 난류亂流의 흐름을 따라 이동하는 작은 모래알들은 흔히 '확산擴散 과정'을 겪는다. 이 확산 과정은 기본적으로 난류 속도의 변동에 따라 달라지며, 이때 확산과 흐름의 과정을 거치면서 주변의 새로운 유체와 혼합되기도 한다.

확산 과정난류 확산 과정이란?

부유 퇴적물, 즉 물속에 떠서 다니는 작은 모래 입자가 난류의 흐름 속에서 어떤 물리적 과정을 거치는지를 알아보도록 하자. '확산擴散 과정'이란 개념이 다소 어렵게 느껴질지도 모르겠지만, 한마디로 말하자면 우리 눈으로 보는 일반적인 유체 흐름보다 훨씬 작은 규모의 분자운동 수준에서 작은 물 입자 또는 부유 퇴적물 입자가 움직이는 미세한 과정을 이론적으로 설명한 개념이다.

그러면 물에 떠 있는 부유 퇴적물이 수평 방향으로 이동하거나 운반되는 수송량은 어떻게 알 수 있을까? 이를 계산하려면 먼저 물의 이동 수송량을 계산하고, 물속에 떠 있는 부유 퇴적물의 농도를 알아야 한다. 즉, 일정한 공간을 통과하는 물의 유출입량(부피×속도)에 부유 퇴적물 농도를 곱하면 부유 퇴적물이 운반된 양(=물의 부피×유속×농도)을 계산할 수 있다.

먼저, 이해하기 쉽도록 예를 들어보자. 물속에서 가상으로 설정한 단위부피, 즉 가로, 세로, 높이가 단위길이(예를 들어 1cm×1cm×1cm)인 주사위 모양의 물 덩어리가 있다고 가정해 보자. 이 단위부피의 물 덩어리 속에 작은 모래부유사浮遊沙가 얼마나 많이 포함되어 있는지를 알아야 한다. 물이 수평 방향으로 흘러가는 평균 유속과 물속에 떠 있는 작은 모래의 농도를 곱하면 이 작은 물 덩어리 속에 포함된 부유사가 수평 방향으로 이동하는 양이 된다. 이

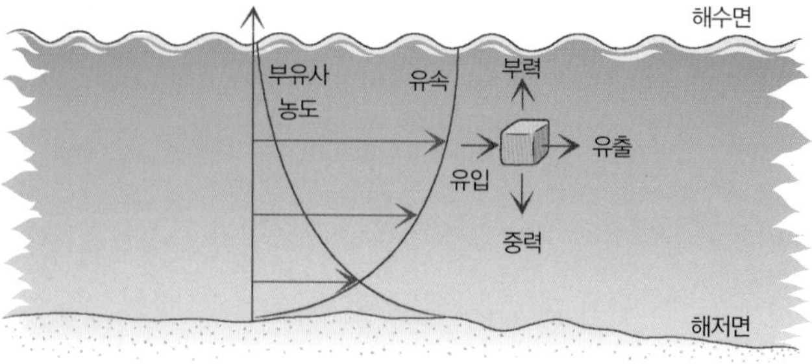

△ **물속에서 흐름**이류**이 존재할 때, 유속과 부유 퇴적물 농도의 일반적인 수직 분포상 단위입자의 물 덩어리가 수직 방향으로 가지는 힘의 균형** 가상의 수직축에 대하여 유속은 일반적으로 해저면에서부터 위로 증가하는 곡선으로 나타낼 수 있으며, 부유사의 농도는 중력에 의해서 해저면으로 가까이 갈수록 농도가 높고 위로 올라갈수록 급격하게 그 농도가 감소하는 곡선으로 표시될 수 있다.

단위부피의 물 덩어리를 해저면에서 표면까지 가상적으로 차곡차곡 쌓은 물기둥 전체가 수평 방향으로 이동하는 비율이 바로 단위단면적당 부유사부유 퇴적물의 수평 수송률이 된다. 즉, 물이 흐르는 만큼 물속에 포함된 부유 퇴적물이 함께 흐르는 것이다.

'확산 과정' 또는 '난류亂流 확산 과정'이라 함은 이렇게 수평 방향으로 흘러가는 물줄기를 전체적으로 바라보는 것이 아니라, 그 안에 포함된 주사위 모양의 가상의 작은 물 입자에 대하여 물이 흐르는 수평 방향뿐만 아니라 수직 방향으로의 움직임까지도 고려한 불규칙한 이동 과정을 말한다. 즉, 난류 과정은 일정한 방향성을 갖지 않고 좌우 사방으로 요동치는 무질서한 작은 규모의 이동 과정이다.

좀 더 자세히 이야기하자면, 가상의 작은 물 입자의 안팎수직 및 수평 방향으로 드나드는 미세한 불규칙운동인 난류 속도의 평균값은 0영零이라는 가정이 포함된다. 즉, 난류 확산은 위아래와 좌우 사방으로 마구 요동을 치는, 아주 작은 규모의 불규칙운동이지만 그 난류 속도를 시간적으로 평균하면, 평균적인 유체의 흐름인 평균속도 속에 포함되어 모두 없어져 버린다는 뜻이다. 만약, 난류 유속의 시간 평균값이 영이 아니라면 그건 이미 난류 확산 과정이 아닌 평균 유속에 포함되는 것이다. 마찬가지로 부유 퇴적물의 농도에 대해서도 평균농도와 난류 확산 농도로 구분하여 정의할 수 있으므로 흐름유속을 평균속도와 난류 속도로 분리한 개념에 각각 대응시킬 수 있다.

물의 흐름을 따라 이동한 부유사부유 퇴적물의 수송량을 머릿속으로 계산해 보자. 이 두 가지즉, 물의 흐름과 부유사의 농도 개념을 '연속성의 법칙'에 적용시키면 가상적인 작은 물 입자에 대하여 수평 방향으로 이동하는들어오고 나가는 부유 퇴적물의 양과, 수직 방향으로 요동치는들어오고 나가는 양은 서로 같아야 한다. 난류 과정난류 확산 과정이 일반적으로 어려운 개념으로 인식되고 있지만, 그 기본은 바로 앞에서 이야기한 것처럼 '밖으로 나간 만큼 안으로 들어오고, 들어온 만큼 나간다'고 하는 기본 원칙에서부터 시작된다.

한편, 물속에 떠 있는 작은 모래알들을 물기둥 전체에 대하여 수직적으로 관찰할 때에 해저 바닥에서부터 해수면까지 그 농도가 고르게 존재할까? 절대로 그렇지 않다. 그렇다면 수직적으로는 어떻게 분포할까? 우리는 54쪽의 일반적인 수직 분포도 그림에서 보듯이 바닥에 가까울수록 농도가 높고 바닥으로부터 멀어질수록위로 올라갈수록 대체로 농도가 엷어진다는 것을 추측할 수 있다. 그 이유는 아무리 작은 모래알이라고 하더라도 지구 중력으로부터 결코 자유로울 수 없기 때문이다. 물론, 바닥 가까이에는 상대적으로 더 무거운 부유사가 많이 분포하고, 수면에 가까울수록 더 가벼운 부유사가 엷게 존재할 것이다.

그럼에도 불구하고 부유사 농도의 일반적인 수직 분포가 해저면으로부터 해수면까지 어떤 특정한수학적 감소 경향을 보일 것이라고 단정할 수는 없다. 만약 실제로 그렇다면 설명하기가 훨씬 쉬울 텐데……. 더구나 바닥에 아주 근접한 부분에서는 흐름의 세기에 따라 해저면 바닥의 모양이 불규칙하게 물결 모양 따위로 변형되기 때문에, 이럴 경우 해저면 가까이에서는 변형된 바닥 모양을 따라 '소용돌이vortex' 흐름이 발생하고 그 안에 포함된 부유사 농도의 수직 분포도 이러한 소용돌이 흐름에 의해 부분적으로 앞의 54쪽 그림과는 다른 수직농도 분포를 보일 수 있다.

바닥 부근 경계층에서의 이러한 부분적인 소용돌이를 제외하면 강가에서나 바닷가에서 일반적으로 부유사의 농도는 강바닥 또는 해저면 바닥으로부터 위로 향할수록 평균적으로 급격하게 감소하는 경향을 보인다. 이런 일반적인 수직농도 분포에 '편의상정확하게 들어맞지는 않더라도' 실제와 비슷한 수학적 함수 형태를 임의로 도입하여 경험적으로 부유 퇴적물의 평균값 농도 분포에 꿰맞추어 해석하려는 노력이 부유 퇴적물의 난류 확산 이론에 포함된다.

그러면 해저 경계층은 어떻게 구분 지으며 그 두께는 어느 정도일까? 또한, 해저면 부근 경계층에서의 흐름은 과연 어떻게 표현할 수 있을까? 가장 먼저 생각할 수 있는 조건은 해저면의 바닥 마찰력이 흐름을 방해하기 때문에

소용돌이현상을 관찰해 보면

소용돌이vortex는 유체 속에서 팽이처럼 회전하는 흐름와동 渦動을 말한다. 흔히 굴곡이 있거나 거친 바닥 위로 흐르는 유체에서, 또는 장애물에 유체가 부딪칠 때 그 뒤로 흐르는 유체에서 그 모양을 관측할 수 있다. 찻잔 속 차를 수저로 휘저으면 생기는 모양이나, 싱크대 배수관으로 물이 회전하면서 빨려 들어가는 모양은 전형적인 소용돌이 모양이다.

대기현상 중에서 육지에서 천둥이나 번개가 칠 때 흔히 발생하는 '토네이도' 나 열대지방의 바다에서 발생하는 태풍 또는 허리케인도 소용돌이의 일종이다. 토네이도는 비바람이 불거나 천둥, 번개가 칠 때 갑작스럽게 지상의 어느 부분에 진공 상태가 발생하면서 주위의 공기가 빨려 들어가 회오리를 만들어 낸다. 보통 수백 미터의 수평 규모를 가지고 이동한다. 만약 이 토네이도가 호숫가 위를 통과한다면 금방 그 에너지를 호수물에 빼앗겨 거짓말처럼 사라지고 만다. 이와는 다른 대기현상 중의 하나인 태풍허리케인은, 열대지방에서 형성된 저기압의 중심부에서 바다로부터 에너지를 끌어 올려 일정한 세력을 형성한 뒤 서서히 중위도 지방으로 이동하면서 주변에 폭우 등 많은 자연재해를 가져온다. 태풍허리케인은 보통 수백 킬로미터의 수평 규모로 빠르게 성장해 이동하다가 중위도 부근에서 급격하게 소멸하는 과정을 거친다.

바닷속에도 이런 소용돌이현상은 무수히 존재한다. 그중에서도 난류와 한류가 만나 전선을 형성하면 그 전선 주변에 형성되어 해양 순환에 중요한 역할을 담당하는 중규모의 소용돌이가 특징적인 해양현상 중의 하나이다.

이와 같이 수 센티미터에서부터 수백 킬로미터에 이르기까지 소용돌이의 규모는 천차만별이며 발생 원인도 다양하지만, 지구 상에서 운동하는 물과 공기 따위의 유체는 기본적으로 소용돌이현상과 매우 밀접한 관계를 지니고 있다. 유체가 장애물을 지나쳐 흐를 때에 그 장애물 뒤에서 소용돌이가 줄지어 반복되는 버섯 모양이 연결된 띠를 형성하기도 한다. 이를 '소용돌이 길' 이라고 한다.

바닥 부근에서는 유속이 급격하게 감소할 것이란 추측이다. 만약 그 바닥이 수평적으로 평평하고 매우 매끄럽다면 해저면에서도 유속이 완전히 사라지지 않고 바닥으로 미끄러지면서 일정한 유속을 유지하겠지만, 일반적으로 해저면에서는 마찰력 때문에 흐름이 완전히 정지한다는 가정에서 출발한다. 설혹 해저면에서 유속이 완전히 사라져 버린다고 하더라도 바닥으로부터 조금만 벗어나면 해저면 마찰력이 줄어들어 유속은 급속히 빨라질 것이다. 만약 바닥이 거칠거나 굴곡이 있다면 그 부근에 형성되는 작은 소용돌이 때문에 앞에서 언급한 단조로운 증가 양상이 아니라 바닥 가까이에서는 상하 방향으로 감기는^{와동} 현상을 보일 것이다.

정리하면, 해저면 바닥에서부터 수직으로 위쪽 방향으로는 부유 퇴적물의 농도가 급격하게 감소하며 유속은 이와 반대로 영零에서부터 급격하게 증가하다가, '해저 경계층海底境界層'을 벗어나면 그 위에서부터는 흐름의 양상이 주변의 해류海流 또는 조류潮流의 영향을 받아 일반적인 유속의 수직 분포에 따라 좌우된다고 할 수 있다.

'해저 경계층'을 정의하려면 난류운동에 관해서 처음

으로 이론적 체계를 세운 레이놀즈Reynolds 1842~1912라는 엔지니어의 이름을 딴 '레이놀즈수數' 라는 새로운 개념을 설명해야 여러분이 이해하기가 쉽다. 레이놀즈수는 '관성慣性' 과 '점성粘性' 이라는 물리적 개념과 연관되어 있다.

관성이란 무엇인가? 관성을 한마디로 정의하면, '운동하는 물체는 계속 운동하려 하고 정지하고 있던 물체는 계속 정지해 있으려 한다뉴턴의 제1법칙' 는 것이다. 이와 같이 운동과 정지를 지속시키려는 성질이 바로 물체의 관성력이다. '점성粘性' 은 유체의 분자끼리 서로 잡아당기는 힘인력 때문에 생기는 끈적끈적한 성질로, 그 정도를 나타내는 점성도粘性度 때문에 생기는 저항력을 일컫는다. 수저로 녹차를 휘저을 때보다 꿀을 저을 때 힘이 훨씬 더 들어가는 이유는 꿀의 점성도가 녹찻물보다 훨씬 커서 이 점성에 의한 저항력이 크기 때문이다.

'레이놀즈수' 란 점성력에 대한 관성력의 상대적 비율즉, 레이놀즈수=관성력/점성력로, 이 두 가지 성질 중 어느 것이 지배적인가에 따라 유체의 흐름이 가지런한 층류인지 또는 마구잡이로 걷잡을 수 없는 난류인지가 결정된다. 난류터뷸런스란 점성도와 달리 유체의 분자 성질에 좌우되지 않고 모든 유체에서 공통적으로 나타나는 역학적 특성이 있으며, 난류 흐름은 항상 레이놀즈수가 클 때 발생한다. 따라서 점성력이 관성력에 비해 지배적이어서 레이놀즈수가 아주 작아지면 그 흐름은 가지런한 층류層流가 된다. 정리하면 어떤 유체가 분자운동처럼 작은 규모의 점성에 더 큰 영향을 받으면 '층류層流'가 형성되고, 분자운동보다 훨씬 큰 규모의 역학적 성질인 관성에 더 큰 영향을 받으면 '난류亂流'가 형성된다. 즉,

층류 → 점성력이 지배적인 흐름(레이놀즈수가 작음)

난류 → 관성력이 지배적인 흐름(레이놀즈수가 큼)

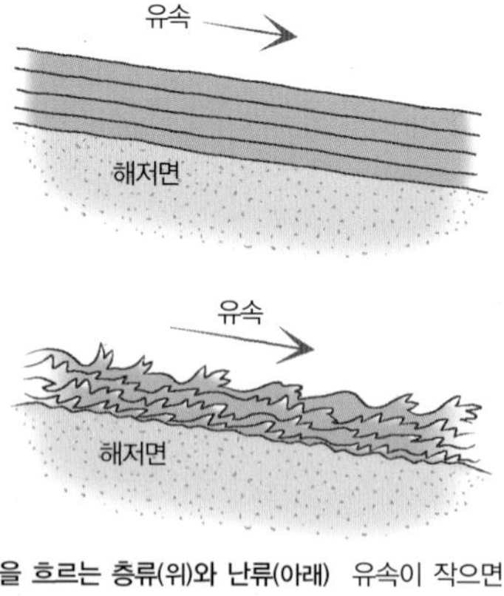

△ **경사진 바닥을 흐르는 층류(위)와 난류(아래)** 유속이 작으면 점성력이 지배적이어서 위와 같이 층류로 흐르며, 유속이 크면 점성에 대하여 관성이 상대적으로 커져서 난류를 일으킨다.

레이놀즈수란?

레이놀즈Reynolds수는 관성에 대한 점성의 비율관성/점성을 계산한 수치이다. 그러면, 이 수는 무엇을 나타내고자 만들어진 수일까? 정의에서도 알 수 있듯이 이 수는 유체가 흘러갈 때, 관성보다 끈적끈적한 점성이 커서 가지런한 흐름층류이 나타나는가, 또는 관성이 더 커서 마구 혼란스럽게 뒤섞이는 흐름난류이 나타나는가를 가늠하는 잣대가 된다. 물론, 관성이 크더라도 점성이 훨씬 더 크면 난류가 형성되지 않고 점성 때문에 가지런한 층류가 형성되며, 반대로 관성이 아무리 작더라도 점성이 상대적으로 더 작으면 난류가 형성되기도 한다. 즉, 이 두 힘 사이의 상대적인 크기가 층류와 난류를 가름하는 기준이 되는 것이다.

난류亂流 터뷸런스란 유체의 고유한 특성을 나타내는 점성과는 다르게 모든 유체에서 공통적으로 나타나는 '유체 흐름의 특성'이기 때문에 유체 분자의 성질에 좌우되지 않는다. 난류인가 층류인가를 가늠하는 레이놀즈수의 경계값임계값은 하나의 값으로 구분되기보다는 상당한 범위의 값으로 구분될 수 있다. 즉, 아주 매끄러운 파이프 안을 흐르는 유체는 정상 조건에서보다 훨씬 더 큰 레이놀즈 값유속을 훨씬 증가시키거나 파이프 길이를 크게 늘이더라도에서도 층류를 만드는 것이 가능하다. 마찬가지로 표면이 아주 거친 바닥 위를 흐르는 유체는 매끄러운 바닥 위를 흐르는 유체보다 훨씬 더 작은 레이놀즈 값에서도 난류가 형성될 수 있다.

5부
파도가 해안을 따라 흐르는 해류를 만든다고?

'연안류沿岸流' 라는 말은 넓은 뜻으로는 '연안 해역에서 발생하는 모든 흐름'을 가리키나, 좁은 뜻으로는 '(대체로) 해안선을 따라 평행하게 흐르는 흐름'을 말한다. 좁은 뜻의 연안류와, 해안선에서 멀어지는 방향즉, 해안선에 직각 방향으로 밀려나가는 흐름인 '이안류離岸流'를 합쳐서 '연안순환沿岸循環'이라는 개념으로 사용한다. 이는 일정한 구간의 백사장모래해변 내에서 하나의 완결된 흐름의 고리를 가리키는 말이기도 하다.

왜 해안을 따라 흐름이 발생하는 것일까?

파도가 이런 흐름연안류을 발생시키는 힘을 만들어 낸다. 파도가 해안으로 다가온다는 것은 파랑에너지가 해안으로 유입된다는 것을 뜻하는데, 해안에 도달해 앞으로 더 나아갈 수 없는 파도는 수직적으로는 해저로 빠져 나가고 수평적으로는 해안을 따라 연안류를 발생시키게 된다. 파랑에너지는 파고의 제곱에 비례하므로, 파도 높이파고가 높으면 해안으로 유입되는 파랑에너지가 그만큼 커져서 연안류 흐름도 강하게 만든다.

해안선이 직선이고 해저지형이 해안선에 평행하다면 연안류는 해안선을 따라 곧게 흐르게 되지만, 일반적으로 해안선은 바다 쪽으로 튀어나오거나 또는 움푹 들어간 모양이고 연안류는 이런 구불구불한 해안선을 따라 흐르게 된다. 이 연안류의 세기는 점차 약해져서 한 군데에 모여 수렴하는 부분대체로 수심이 깊은 곳에서는 '연속성의 법칙'에 의해 바다 쪽으로 밀려나가는 이안류가 발생하게 된다. 해저지형을 잘 모르는 해수욕객이 갑자기 백사장에서 큰 파도와 급류에 휩쓸려 떠내려갔다는 보도가 종종 나오는데, 이런 경우는 대체로 이러한 이안류에 의한 사고이다.

이안류는 해저지형의 굴곡에 따라 해수욕장의 중간에서 발생하기도 하지만, 해수욕장 끝 쪽의 바위와 같은 돌출부로 인해 이웃한 백사장과 연결되지 못하고 막혀 있는 경우에는 이 돌출부 부근에 쌓이는 연안류가 이안류가 되어 바깥으로 밀려나갈 수밖에 없다. 이런 돌출부는 다이빙이나 낚시를 즐기는 사람들이 즐겨 찾게 되는 장소이므로, 파도가 부서지면서 동반되는 소용돌이나 급류인 이안류에 휩쓸리지 않도록 특별히 주의를 기울여야 한다. 사람의 목숨을 가장 많이 앗아가는 스포츠는 카레이싱이나 하이다이빙이 아니라 바로 낚시라는 사실이 통계로 증명된 바 있다.

그러면 파도가 부서지는 연안해역인 쇄파대에서 발생

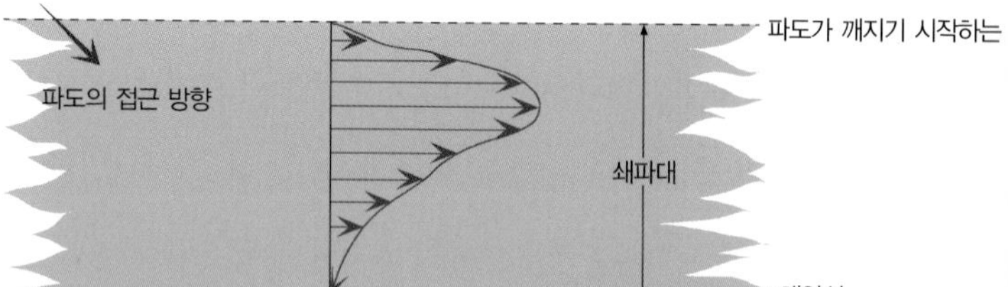

△ **쇄파대 내에서 연안류의 방향과 세기의 수평 분포도** 파도가 왼쪽에서 비스듬히 접근할 때, 쇄파대 내에서 연안류의 유속 분포는 가운데가 세고 양 옆으로 갈수록 작아진다.

하는 연안류의 세기와 형태는 어떤 모양일까? 일반적으로 쇄파대의 중간 부분에서 연안류가 가장 세고, 양쪽파도가 깨지기 시작하는 수심이 깊은 쪽과 해안선 쪽으로 갈수록 그 세기가 줄어드는 모습을 보인다. 바람에 의해서 생기는 풍파는, 보통 해안선으로부터 수십 내지 백 미터 내외에서 파도가 깨지는 현상을 보이지만, 이 쇄파대의 폭은 파도의 수평 길이인 파장과 해저 지형의 경사도에 크게 영향을 받는다.

그러나 파장과 해저면 경사도의 조건이 같다고 해도 수심이 얕고 산호초가 넓게 펼쳐져 있는 해역, 예를 들면 호주 북부의 '대보초Great Barrier Reef' 같은 곳에서는 해안선으로부터 수백 미터 내지 수 킬로미터 밖에서 파도가 부서지기도 한다. 산호초가 넓게 펼쳐진 연안에서는 일차적으

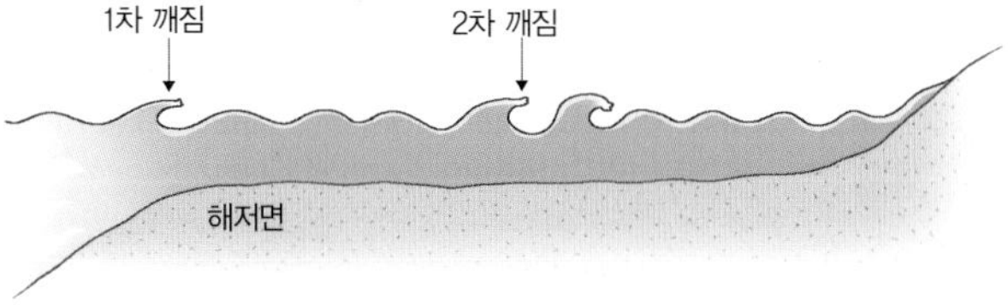

△ **얕은 수심으로 넓게 펼쳐진 산호초 지역에서 파도가 2번 이상 깨지는 현상** 이런 현상은 파도가 일차적으로 깨진 후 다시 파도가 생성될 만큼 충분히 길고도 얕은 산호초 지역이 넓게 발달해야 다시 만들어진 파도가 다시 깨질 수 있다.

로 바깥 해역에서 파도가 깨지고 나서 다시 파도가 일어 안쪽 해역으로 접근하면서 파고가 높아지다가 한계점에 다다르면 다시 부서지는 '이중또는 삼중 쇄파대 구조'를 보이기도 한다. 이렇게 파도가 2번 이상 부서지는 현상은 죽은 산호와 조개껍데기 등을 잘게 부수는 역할에 기여하기도 한다.

산호초로 이루어진 넓은 해안의 모래 구성 성분은, 산호나 조개껍데기 따위가 부서져서 만들어진 해변으로 칼슘 성분이 주요 성분을 이루기 때문에 풍화작용에 의해 강 상류로부터 흘러내려 온 모래해변과는 다르다. 대륙의 해안에 생성된 백사장은 우리나라 대부분의 해수욕장과 마찬가지로 강 상류로부터 공급받은 암석의 풍화작용으로 인해 만들어진 규사유리의 주성분 모래가 대부분이다. 즉, 규사로 이루어진 우리나라의 해변은 산호초로 형성된 열대지방의 해변과는 달리 모래의 공급원은 강 하구를 통해서 이루어진다.

쇄파대 내에서 연안류는 어디에서 가장 세며 어떻게 흐를까?

서핑을 즐기는 선수(서퍼)가 어디에서 가장 빠르게 속도를 낼까? 보통 파도가 깨지기 전까지는 이웃한 파도의 정점 위를 차례로 갈아타면서 비스듬히 해안가로 전진하다가 쇄파대 내로 들어서면 연안류가 가장 센 중간지점에서 그 흐름을 타고 해안선에 거의 평행하게 질주할 때 가장 빠르게 움직인다. 따라서 만약 해안선이 곧게 뻗어 있고 수심이 해안선에 고르게 평행하며 바람이 일정한 방향으로 지속된다면, 파도의 마루(파봉)가 마치 '파이프라인'처럼 열을 맞추어 해안으로 접근하게 되어 파도가 부서진 후에도 연안류가 일관되게 지속적으로 흐른다. 이것이 바로 편서풍이나 무역풍(편동풍)과 같이 일정한 방향으로, 일정한 세기 이상으로 바람이 부는 해변에서 서핑 대회를 치르기 적합한 이유이다.

편서풍이나 무역풍 지대라고 해서 바람의 방향이 항상 일정한 것은 아니다. 다만 연중 일정한 방향으로부터 부는 바람이 통계적으로 많다는 것을 의미한다. 따라서 서핑 대회를 개최하는 장소와 시기는 일정한 방향으로 평균풍속보다 지속적으로 바람이 세게 부는 기간을 선택하게 된다. 대회 참가자 중 경험이 풍부한 서퍼는 해변의 구조를 살펴보고 연안류의 흐름을 읽어낼 것이며, 이 사람은 결국 우승 트로피를 거머쥐게 되어 있다. 앞으로 우리나라에서도 점점 각광을 받게 될 것이라 생각되는 여름철 해변 스포츠 중의 하나인 서핑도 이렇듯 대기과학과 연안 해양과학을 바탕으로 운용해야 잘 할 수 있다. 다음 그림은 쇄파대 내에서의 연안류 구조를 쉽게 도식화한 것이다.

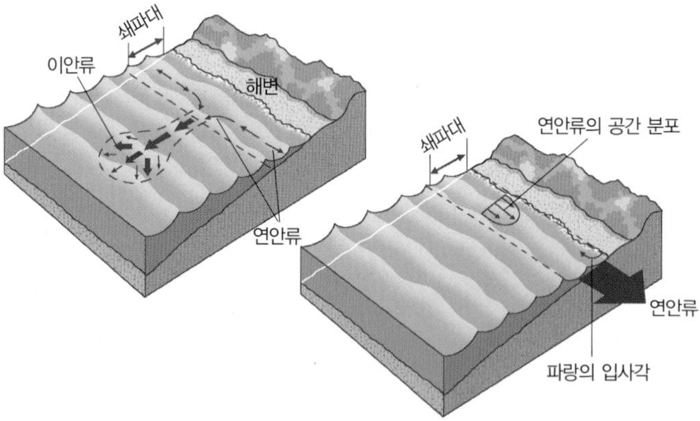

△ **연안류와 이안류** 연안류가 수렴하는 해변 중앙부에서 바깥쪽으로 밀려나가는 급류인 이안류가 발생한다(왼쪽). 쇄파대 내에서 연안류의 세기는 그 단면의 중간 수심에서 보통 가장 세고, 그 양쪽으로 갈수록 약해진다(오른쪽).

파도는 어떻게 부서지는 것일까?

파도가 부서지는 모양을 자세히 관찰해 보면 제각각 차이가 있다. 파도를 연구하는 해양과학자들은 쇄파를 나누는 기준을 해저면의 기울기, 파고, 파장 사이의 관계에 의해 다음의 4가지로 분류한다.

엎지름 쇄파spilling breaker

파도가 진행하는 방향으로는 파형이 거의 일그러지지 않은 채 상하의 파형만 비대칭으로 변하여 마루 부분이 흘러넘치듯이 부서지는 쇄파를 말한다. 이것은 파형의 경사가 큰 파도가 완만한 경사의 해변으로 접근할 때 발생한다.

권쇄파plunging breaker

해변의 경사가 급한 경우에 파도의 마루파봉가 해안으로 진행하는 속도가 해저면 바닥의 마찰력 때문에 하부파저가 반대 방향으로 향하는 속도보다 점점 커지다가 결국 파고 정상부가 마치 손가락을 동그랗게 말아

올려 덮치듯이 '돌진하는 쇄파' 를 형성한다. 권쇄파가 서핑을 즐기기에 가장 적당하다.

해일형 쇄파surging breaker

지진해일이나 폭풍해일이 발생하여 해안에 도달할 때에 볼 수 있듯이 해수면이 갑자기 크게 상승하거나 하강하는 방식으로 파도가 깨져 해안을 덮치는 형태이다. 이것은 파형 경사가 작은 파도가 급한 경사의 해변에 접근할 때에 주로 일어난다.

붕괴쇄파collapsing breaker

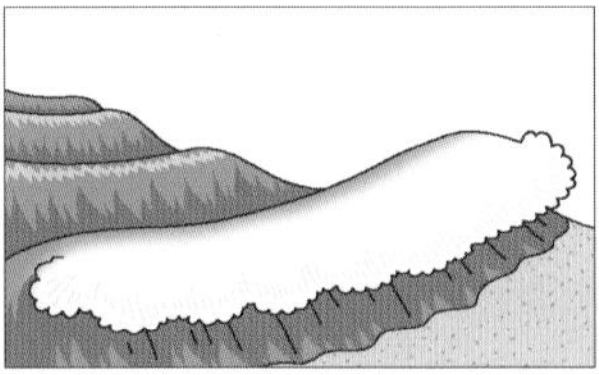

해안에 도달할 때까지 파형이 유지되다가 해안에 부딪히면서 맥없이 '무너지는 쇄파' 를 가리킨다.

6부
연안류를 따라 움직이는 모래알

파도가 해안으로 밀려올 때는 해안 부근의 바다 밑에서 보통 앞뒤로 왕복운동을 한다. 파도의 왕복운동으로 파도가 움직이는 대로 바다 바닥해저의 모래들도 같이 앞뒤로 조금씩 이동하는 모습을 볼 수 있다. 바닥에 쌓인 모래가 단순히 왕복운동으로만 이동한다면 별다른 변화가 일어나지 않겠지만, 쇄파대파도가 부서지는 해안구역 내에서 연안류와 이안류가 강하게 발생하여 활발한 연안 순환이 이루어진다면 이런 흐름을 따라 모래도 함께 이동하게 되어 결국 시간이 지남에 따라 해안선은 점차 그 모양이 변하게 될 것이다.

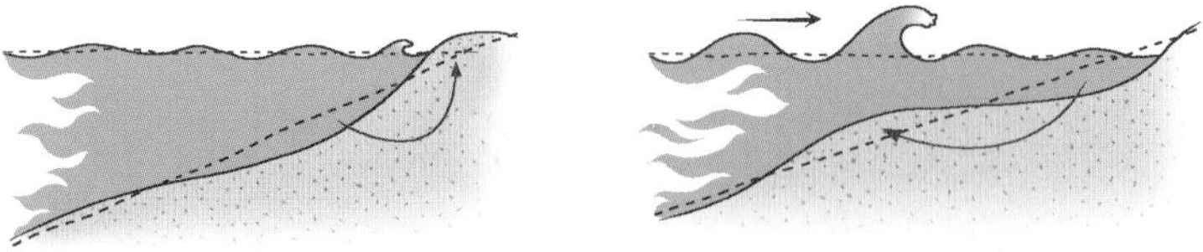

△ **파도에 의한 모래의 침식과 퇴적** 낮고 잔잔한 파도(왼쪽)는 모래를 해변으로 이동시켜 백사장을 넓혀 가고, 높고 거센 파도(오른쪽)는 모래를 깊은 곳으로 휩쓸어 나가 해변을 침식시킨다.

해변의 작은 모래들이 이동함으로써 해안선이 깎여 나갈 것[침식]인지 또는 모래가 쌓여 백사장이 넓어질 것[퇴적]인지는 어떤 종류의 파도가 어떤 세기로 해안으로 밀려오느냐에 따라 다르다. 일반적으로 파고가 낮고 잔잔한 파도는 해안 쪽으로 조금씩 모래를 퇴적시키는 방식으로 백사장을 넓혀 가는 반면, 파고가 높고 거센 파도는 백사장의 모래를 휩쓸어 나가 바다 깊은 곳으로 한꺼번에 이동시키는 방식으로 해안을 침식시킨다.

파도의 종류에 따라 해변의 모래가 깎여 나가거나 쌓이면서 해안선의 모양이 바뀐다. 이때 모래가 이동하는 유형을 살펴보면, 보통 세 가지의 이동하는 방식을 보인다. 첫 번째는 해저면을 따라 이동한다. 두 번째는 물속에 떠서 이동한다. 세 번째는 해안에 큰 파도가 밀어닥치면 해저면을 크게 휘저어 모래퇴적물를 휩쓸어 깎아 내 모래가 바닷물과 뒤섞여 한꺼번에 씻겨 나간다. 첫번째 해저면을 따라 이동하는 방식을 좀 더 세심하게 살펴보면, 모래가 해저면을 따라 계속 굴러가는 모습으로만 이동하는 것도 있고, 어떤 모래는 구르다가 때로는 점프를 하기도 한다. 물결의 흐름이 셀 때는 어느 정도 물에 떠서부유사 이동하다가 물결의 흐름이 약해지면 다시 바닥에 가라앉아 굴러서 이동하기도 한다.

왜 모래는 여러 가지 형태로 이동하게 되는 것일까? 어떤 이유로 모래의 이동 방식이 달라지는 것일까? 지구상의 모든 물체는 중력의 영향에서 벗어날 수 없다. 크기가 작은 모래알이라도 다른 외부의 힘이 작용하지 않는다면 중력에 의해 바닥으로 가라앉아 멈추어 있게 된다. 그렇다면 중력 외에 모래에 작용하는 외부의 힘은 없는 것일까? 아니다. 우선 물속에서는 중력의 반대 방향인 위쪽으로 작용하는 부력浮力이 있다. 연안류에 의하여 수평 방향으로 작용하는 흐름유속도 발생하는데, 유속은 바닥에 정지한 물체를 수평 방향으로 이동시키기 위해서는 바닥과

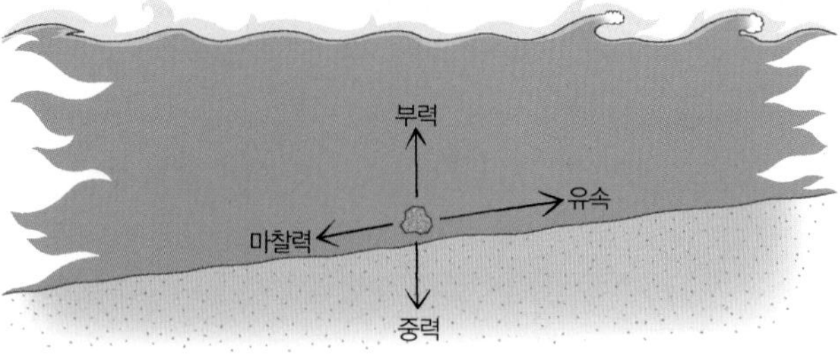

△ **잔잔한 파도에 의해 해안으로 밀려오는 모래에 작용하는 여러 가지 힘** 잔잔한 바닷물 속에서는 중력이 부력보다 커서 모래가 가라앉아 있으며, 유속이 마찰력을 이겨 해안으로 점차 밀려오게 된다.

물체 사이의 마찰력을 이겨낼 만큼 커야 한다.

또한 평평하지 않은 해저면 위로 연안류가 흐를 때, 해저면의 굴곡 때문에 수직 방향으로 모래알을 휘젓는 교란이 생기게 된다. 이 교란작용은 모래를 해저면에서 쉽게 굴러가게 하거나 모래를 해저면으로부터 물속으로 띄우는 역할을 하기도 한다. 모래알의 크기가 작을수록 수중으로 떠올라 부유사의 형태로 이동할 가능성이 높고, 모래알이 클수록 해저면을 따라 구르는 방식으로 이동하는 경우가 많다.

이런 이유 때문에 파도의 영향을 받는 한계 수심 이내에서는 해안선에서 멀어질수록 모래알퇴적물의 크기가 작아지는 경향을 보인다. 이런 경향은 물에 잠기지 않는 백사장의 모래도 마찬가지이다. 작은 모래는 가벼우므로 바람에 의해 육지 쪽으로 더 많이 날아가 쌓이고, 큰 모래는 해안선에서 멀리 이동하지 못하고 대체로 해변가 가까이에 머물게 된다. 이렇게 모래알의 크기가 해변으로부터 수심이 깊은 쪽으로, 또는 육지 쪽으로 갈수록 점차 작아지는 것을 '분급현상'이라 하는데 이는 지구 중력이 각각의 모래알에 작용한 때문이다. 마치 거대한 지구가 작은 모래알을 운반하는 일조차 가능하면 힘을 덜 들이고 처리하는 잔꾀를 부리는 것처럼!

앞에서 보았듯이 잔잔한 파도가 밀려올 때에는 일반적으로 퇴적되기 쉬운 조건을 갖추게 되므로 해저면의 모래알이 조금씩 해안으로 밀려와 쌓이는 경향을 보인다. 반대로 파고가 높고 험한 파도가 밀어닥치면 파도는 해변에 부딪힌 후에 반사되어 나가면서 바다 하층을 통해서 모래를 휩쓸어 나가므로 침식되기 쉬운 조건이 된다. 이때 파도가 이는 바닷속 아래 바닥 쪽으로 '언더토우'나 급류인 '이안류'에 휩쓸려서 빠져나간 모래퇴적물는 후에 파도가 다시 잔잔해지고 상당한 시간이 경과하면 조금씩 다시 해안으로 밀려와 쌓이게 된다. 그러나 '한계 수심'보다 더 깊은 곳으로 휩쓸려 나간 모래퇴적물 중 일부는 훨씬 더 긴 시간이 흐르더라도 해변으로 되돌아오지 못하고 영영 깊은 바다에 묻히기도 한다.

만약 거친 파도에 의해 모래가 수심이 깊은 곳으로 빠져나가 버린 양만큼 이웃한 해변으로부터 연안류에 실려 모래가 밀려와 쌓이지 않으면 그 해변은 차차 침식되어 해안선이 뒤로 물러나게 될 것이다. 반대로 파도에 밀려 나간 만큼 같은 양의 모래가 다시 채워지면 그 백사장은 유지될 수 있다. 이웃한 해변이나 깊은 곳으로 빠져나간 양보다 강 하구江河口나 이웃 해변으로부터 밀려들어 오는 모래의 양이 오히려 더 많을 때도 있다. 이런 경우에는 모래가 점점 퇴적되어 사주砂洲나 곶串과 같이 해안선이 튀어나오거나, 백사장의 전체 폭이 늘어나 해안선이 바다 쪽으로 확장되는 현상이 일어난다.

만약 어떤 해수욕장의 해안선이 변하지 않고 오랫동안 그 모습을 그대로 유지하고 있다고 해도, 그 기간 동안 해수욕장의 모래가 전혀 이동하지 않았던 것이 아니라 외부에서 그 해수욕장으로 들어오는 모래의 유입량과 반대로 외부로 빠져나가는 유출량이 평형 상태를 유지해 왔다는 것을 뜻한다. 그 해수욕장에서 오늘 본 모래와 작년에 보았던 모래가 같은 것일 확률은 아주 낮으며, 오히려 전혀 다를 수 있다는 것을 말한다.

앞에서 이야기했듯이 모래퇴적물가 연안류에 실려 해안선을 따라 이동하는 것은 '해저면 바닥으로 이동하는 형태'와 '수중에 떠서 이동하는 형태'로 나눌 수 있다. 또한 해안선까지 파도가 들락거리면서 바닷모래에 부딪히는 구역조간대에서는 모래가 파도의 움직임을 따라 '지그재그'로 이동하기도 한다.

일반적으로 해저면 바닥을 따라 이동하는 퇴적물의 수송량이 많으면 물속에 떠서 움직이는 부유 퇴적물의 수송량도 따라서 많아진다. 이런 연안 퇴적물의 수송량을 좌우하는 가장 중요한 요소는 바로 연안류의 세기이다. 즉, 파고파도의 높이가 높으면 파랑에너지가 커지므로 연안류가 강해져서 연안 퇴적물의 수송량이 늘어난다. 이외에도 모래알의 크기와 밀도, 해저면 바닥또는 리플의 높이, 그리고 파도와 관련된 계수들이 퇴적물 수송량에 영향을 끼친다.

파랑에너지의 크기는 일반적으로 파고의 제곱에 비례

하고, 이것은 다시 연안 퇴적물의 수송률에 비례한다. 다만, 연안 퇴적물의 수송률은 보통 그 연안을 따라 이동한 연간 퇴적물의 부피m³/년로 나타낸다. 따라서 우리나라와 같은 계절풍 지역에서는 계절에 따라 바람의 방향이 바뀌므로 여름과 겨울처럼 반대 방향으로 이동하는 퇴적물의 양을 방향에 관계없이 합산하는 '총수송량'과 연중 실제 이동한 '순수송량'을 구분해서 계산해야 한다. 즉, 파랑에너지 및 연안류의 세기에 따른 퇴적물 수송량과의 상관관계를 알기 위해서는 해안선의 양쪽 방향으로 각각 이동한 모래의 양을 합친 총수송량으로 계산해야 하지만, 장기적인 바닷모래의 침식이나 해안선 변화와 같은 현상을 과학적으로 밝혀내기 위해서는 양쪽 방향으로 각각 이동한 수송량의 차이로 나타내는 순수송량을 알아내 설명해야 할 것이다.

파도가 해안선으로 접근할 때는 해저면을 따라 왕복 궤도운동물체가 한 점을 중심으로 타원이나 원을 그리면서 계속해서 도는 운동이 점차 증가한다. 수심이 깊은 곳에서는 이 왕복운동이 너무 작아서 모래알을 이동시킬 능력이 없지만, 일정한 깊이 이내로 얕아지면 모래알을 이동시키기에 충분할 만큼 해저면 왕복운동량이 커져 해안 쪽으로 모래알을 조금씩 밀어붙이기 시작한다. 이때 해저면의 모래에 가해지는 힘은 유체의 운동으로 인한 힘과 중력이 합쳐져 나타나며, 이 합력이 작용하는 방향으로 모래알은 움직이게 된다. 즉, 경사진 해저면에서 유체의 운동으로 인해 해안으로 향하는 힘이 중력보다 커져서 모래알은 해안 쪽으로 이동하여 퇴적되는 것이다.

해안에 모래알이 퇴적되는 조건은 보통 파고가 낮을 때, 즉 파장에 대한 파고의 비율=파고/파장이 작을 경우에 만들어진다. 이와는 반대로 파고가 높으면, 즉 파고/파장의 값이 크면 해안의 퇴적물들이 휩쓸려 깎여 나가 수심 깊은 쪽으로 사주가 쌓이게 된다. 이것은 유체의 운동으로 인한 마찰력과 중력과의 세력 갈등 사이에서 모래를 이동시켜서 해저면의 경사도를 변형시킴으로써 평형 상태를 이루기 위해 끊임없이 해저면을 변형시키기 때문에 생겨나는 불안정한 형태의 퇴적물이다. 즉, 큰 파도가 몰려오면 이 사주는 확장되면서 깊은 쪽으로 이동하고, 파고가 낮고 잔잔하면 사주의 크기가 줄어들면서 모래는 해안선 쪽으로 다시 밀려들어 온다.

△ **해안에서 부서지는 파도** 파랑에너지는 파고의 제곱에 비례한다.

한바탕 폭풍이 몰아치고 난 후에는 해수욕장 모래의 상당량이 유실된 경우를 종종 볼 수 있다. 이 유실된 퇴적물은 수심 깊은 쪽으로 밀려나가 쌓여서 큰 연안사주를 형성한다. 그러나 파도가 다시 잔잔해지면 사주를 형성할 때보다는 좀 더 긴 시간에 걸쳐 잔잔한 파도가 사주를 조금씩 허물어뜨려 모래를 해안으로 밀고 오게 된다. 이 사주의 회유이동 과정은 해저면 바닥에 만들어지는 물결 모양의 골곡리플 ripple이 전파되는 양상과 상관관계가 있다. 즉, 해저면의 골곡을 자세히 관찰해 보면 골곡은 어떤 방향으로 전파되는 듯한 모양을 나타내고 있다. 그래서 바닷모래 주변의 전반적인 리플의 분포 형태로 연안사주의 이동 방향과 성장 그리고 소멸 과정을 추정할 수 있다.

이러한 일반적인 현상 외에도 파도가 부서지는 지역에서는 사주와 골이 만들어지고, 난류작용의 증가로 부유사 형태의 이동이 압도적으로 많이 나타나는 국지적인 현상을 볼 수 있다. 이러한 난류작용 때문에 크기가 아주 작은 모래알들은 파도가 부서지는 쇄파대 내에서는 물속에 뜬 부유물퇴적물의 형태로 다른 구역으로 연속해서 빠져나가는 경향을 보인다.

앞에서 살펴본 것처럼 연안의 모래알퇴적물은 해안을 따라 평행하게만 이동하는 것이 아니라 해안선의 직각 방향으로도 이동한다. 이러한 이안 퇴적물 수송은 기본적으로 파고와 파장의 비율로 대표되는 파랑에너지의 변화 때문에 일어난다. 여기에 해저면, 모래알의 크기, 모래알이 물속에서 가라앉는 침강속도 따위가 덧붙여져 해빈 침식을 가늠하는 기준이 된다.

하지만 해수욕장의 전반적인 흐름의 수평적 형태인 연안 순환을 감안한다면 연안류와 함께 해수욕장 앞바다의 해저면 골과 같은 지형적 특성에 따라 국지적으로 발생하는 이안류를 따라 부유사가 쓸려나가는 경우도 생각해야

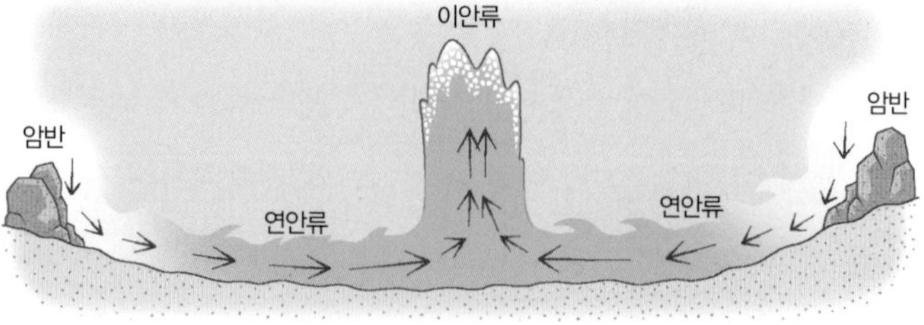

△ 방향이 서로 다른 연안류가 합쳐져서 급류인 이안류가 만들어지는 모양

한다. 비행기를 타고 찍은 항공사진으로 이안류를 관찰해 보면, 해저면에 가라앉아 있던 모래알이 다시 부유하여 물 속에 섞여 해안 바깥으로 빠져나가는 이안류의 모양이 간헐적으로 관찰된다. 이때는 서로 반대 방향으로 흐르는 두 연안류가 한 지점에서 합쳐져 휩쓸려 나가면서 난류 혼합이 일어나 바닷물 색깔이 혼탁하게 보인다. 해수욕을 즐기던 피서객들이 이런 위험성을 모르고 물놀이를 하다가 갑작스레 급류인 이안류에 휩쓸려 부유사와 함께 수심이 깊은 곳으로 떠밀려 나가 불의의 사고를 당하는 일이 종종 발생하기도 한다. 해수욕장에서는 이안류가 빈번하게 발생하는 지점에서 물놀이하는 것은 피해야 한다.

7부
방파제가 해안선을 오히려 후퇴시켰다고?

해안에 방파제를 쌓는 이유는 무엇일까? 당연히 거센 파도를 막아서 해안이 침식되는 것을 막기 위해 만든다. 그 외에 접안을 쉽게 하거나 해수욕장의 안전을 위한 것 등 여러 가지 이유로 설치하기도 한다. 그런데 해안의 침식을 막기 위해서 쌓은 방파제가 오히려 해안의 침식을 촉진시킨다는 데 정말일까? 불행하게도 우리나라의 해수욕장에서는 방파제를 쌓은 뒤에 해변의 모래가 줄어든 사례를 어렵지 않게 찾아볼 수 있다.

왜 해안에 축조한 방파제 중 적지 않은 경우가 오히려 해안의 침식을 촉진시키는 것일까? 그 이유를 한마디로 대답하면, 자연의 평형 상태를 고려하지 않았기 때문이다. 즉, 파도를 막기 위한 방파제가 그 지역의 '파랑 기후波浪氣候 어떤 지역의 장기적인 파랑 자료에 근거한 월별 또는 계절별 파랑의 특성'에 의해 해안에 자연스럽게 형성된 평형 상태를 깨뜨린 것이다. 바로 방파제가 생김으로써 환경이 바뀌었기 때문에 파도와 해변 사이에는 새로운 평형 상태를 만들기 위해 또다시 모래토사를 끊임없이 이동시키는 작업이 이루어진다. 따라서 이전의 환경에서는 일어나지 않았던 해안의 침식또는 퇴적이 일어나 환경이 바뀌는 것이다.

그 외에도 고기잡이배나 기타 선박을 해안에 댈 수 있도록 만든 크고 작은 접안시설들 때문에 해변의 모래가 유실되는 현상도 흔하다. 이들 시설을 만들고 몇 년이 채 지나기도 전에 멀쩡하던 백사장이 거의 사라져 버리는 해빈 침식현상은 우리나라 해변 곳곳에서 쉽게 확인할 수 있다. 이 역시 방파제와 같이 자연의 평형 상태, 즉 파랑 기후와 해빈의 토사 이동 사이의 평형 상태를 고려하지 않고 토목공사로만 생각하고 시설들을 만들어서 벌어지는 일들이다. 오히려 폭풍태풍이나 해일과 같은 특별한 자연재해에 의해 평형 상태가 파괴되는 경우를 제외하면, 매년 비슷하게 반복되는 계절풍에 의한 모래토사의 연변동일 년 주기 변동은 거의 반복적인 왕복 이동이 대부분이다. 이러한 연변동에 의한 해안 침식은 방파제 등과 같이 인위적으로 평형 상태를 깨뜨리는 것에 비해서는 상대적으로 침식 효과가 매우 작다고 할 수 있다.

우리의 해변에서는 이러한 인위적인 평형 상태의 파괴뿐만 아니라 환경 변화로 인한 평형 상태의 파괴도 일어나고 있다. 지구 온난화에 의한 해수면의 상승이나 엘니뇨 따위에 의한 장기적인 해수면 변동 등에 의해서 기존에 형성되었던 평형 상태가 깨지기도 한다. 다시 말하면 해수면의 장기적인 변동이나 지속적인 해수면의 상승또는 하강으로 기존의 평형 상태가 파괴되었거나 새로운 평형 상태를 형성하기 위해 변형된 해안에서의 연안 순환은 필연적으로 해안 침식이나 퇴적작용을 동반하게 된다. 즉, 해양과 대기 사이에 시차를 두고 에너지와 운동량을 서로 교환하는 자연스러운 엘니뇨현상이나 온실 기체에 의해 지구가 부가적으로 따뜻해져서 발생하는 해수면 상승에 의해서도 해안 침식또는 퇴적이 발생한다. 이러한 현상은 장기적인 해안선 변화에 무시할 수 없는 영향을 끼치게 된다.

지구 온난화와 엘니뇨는 어떻게 다르지?

지구가 대기 중의 온실가스 증가로 점차 더워지고 있다는 이야기는 이제 거의 상식이 되었다. 그렇다면 온실가스는 왜 증가하는 것일까? 만약 대기 중에 온실가스가 없다면 어떻게 되는 것일까? 대기 중의 온실가스 중 온실효과에 가장 큰 몫을 하고 있는 것은 단연 수증기이다. 물의 증발, 구름의 형성과 이동, 그리고 눈이나 비가 되어 다시 지상으로 떨어지는 강수현상은 대기의 온실효과에 크게 기여하고 있다. 그러나 이것은 인간이 통제할 수 없는 범위의 대기 순환으로, 이것을 온난화라고 하지는 않는다.

수증기 외에 대기의 온실효과에 기여하는 기체로는 이산화탄소CO_2, 메탄CH_4, 프레온가스CFC 등을 들 수 있다. 이들은 지구 대기의 '부가적' 온난화를 초래하는 데 기여하고 있다. 현재 화석연료 사용을 줄이는 등의 방법으로 이산화탄소 배출량의 증가 속도를 줄여서 '부가적' 지구 온난화를 늦추자는 노력이 전 세계적으로 이루어지고 있다.

매스미디어를 통하여 온난화와 함께 자주 등장하는 엘니뇨현상이란 단어를 들어봤을 것이다. 가끔 지구 온난화와 혼용해 잘못 사용하는 경우도 있지만 이 둘은 다르다. 그러면 엘니뇨현상이란 무엇일까? 지구의 동서반구 사이의 대기 중에서 몇 년 정도의 불규칙한 주기를 가지고 시소가 오르내리는 것처럼 대기압이 반복적으로 오르내리는 현상이 일어나는데, 이를 '남방진동'이라고 한다. 또한 바다에서 남동무역풍이 수년을 주기로 약화되거나 열대 서태평양의 따뜻한 물이 적도 해역을 따라 동쪽으로 이동해서 페루해안을 중심으로 바닷물이 따뜻해지는 현상이 일어나는 것은 엘니뇨라고 한다. 그런데, 남방진동과 엘니

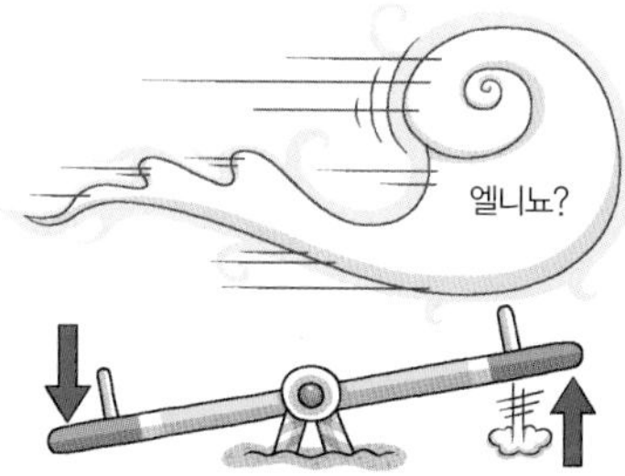

뇨는 서로 시차를 두고 에너지와 운동량을 교환하는 하나의 시스템이라는 사실이 밝혀진 이후 이 현상을 합쳐서 '엘니뇨-남방진동ENSO'이라고 한다.

대기-해양 시스템의 경계에 해당하는 해수면은 이 현상에 따라 수년을 주기로 상승하거나 하강하는 변동성을 겪는다. 엘니뇨는 '부가적' 지구 온난화와 달리 인류가 지구 상에 초래한 인위적인 현상이 아니라 오래 전부터 대기와 해양 사이에 끊임없이 에너지와 운동량을 교환해 온 지극히 자연스러운 자연현상이다. 다만, 엘니뇨의 주기와 그 세기가 지구 온난화의 영향을 받아 달라지고 있는지는 아직도 많은 전문가들이 연구를 하고 있는 중이다.

해안에 방파제를 쌓으면 해안으로 접근하는 파랑에너지 분포에 변화를 준다. 이 변화로 인해 연안류와 이안류에 부분적 변형이 일어나므로 방파제가 없었을 때의 평형 상태는 깨어질 수밖에 없다. 따라서 해안 침식을 방지하거나 이미 훼손된 해빈海濱 또는 해수욕장을 원래 상태로 복원하기 위해서는, 퇴적물모래알이 해안 쪽으로 다시 밀려와 해빈이 형성되는 방향으로 평형 상태가 이루어지도록 설계한 인공구조물을 쌓거나, 주기적으로 모래를 해변에 인위적으로 보충해 주는 양빈濱養의 방법으로 해수욕장을 보호해야 한다.

과거에는 연안류와 모래 이동을 차단하는 방사제그로인 또는 해안옹벽을 쌓거나 해안 침식이 이루어지는 부분에 시멘트를 발라서 침식을 막으려는 노력을 했다. 최근에는 모래를 인공적으로 퍼붓는 양빈 공법을 많이 사용되며, 가끔은 강 하구를 가로지르는 대형 파이프 등을 설치해서 모래 퇴적물을 하구 반대편으로 이동시키는 공법을 이용하기도 한다. 양빈 공법으로 빈약했던 해빈을 크게 늘려 놓은 대표적인 사례가 하와이의 와이키키해변이다. 부산의 해운대해수욕장도 유실되어 줄어든 백사장의 모래를 복원하는 방법으로 양빈 공법을 시도했으나 성공하지 못했다. 이 방법이 성공하려면 체계적인 연구는 기본이고, 복원을 위한 주민과 지방자치단체, 주변 상권 등의 지속적인 노력과 투자가 따라 주어야 한다.

바다 표면에서 출렁이는 파도는 기본적으로 그 위에서 부는 바람에 의한 마찰응력에 의해 발생하는데, 그 마찰응력은 바람이 부는 속도풍속의 제곱에 비례하며 풍속처럼 방향성을 지니는 물리량벡터량이다. 바람이 매끄러운 바다 표면 위를 스쳐 지날 때 생기는 마찰응력은 매우 짧은 순간에 난류 과정을 일으켜 마치 마술처럼 파도를 발생시킨다. 한 점에서 발생한 파도는 점차 동심원으로 확대되어 퍼져나간다.

그러나 바람의 세기와 방향이 시간적으로 일정하지 않은 것처럼, 어느 바다 위에서 어느 범위만큼 얼마간의 시간 동안 바람이 부는지는 매우 다양하여 그로 인해 발생한 파도의 파장과 주기도 제각기 다른 여러 파가 복합적으로 나타날 뿐만 아니라 서로 간섭현상을 일으키면서 진행하게 한다. 그중에서 파장과 주기가 서로 비슷한 파도끼리는 마치 하나의 묶음으로 진행하는 것처럼 보이기도 한다. 이것을 파군波群이라고 하며, 이 파군의 진행 속도에 따라 파랑에너지의 크기가 결정된다.

파랑 기후와 해안지형퇴적물 사이의 평형 상태를 변형시키는 인공구조물방파제 등을 어쩔 수 없이 설치해야 한다면 최소한 그 구조물이 현재 환경의 평형 상태에 어떠한 영향을 미쳐 어떻게 얼마나 변형시킬지를 미리 예상해 보아야 한다. 예를 들면 우리나라 해안에서는 계절에 따라 바람계절풍의 방향이 달라지기 때문에 이로 인해 발생하는 파도파랑에 의한 파랑에너지는 해안에 평행한 한쪽 방향으로 연안류를 만들어 낸다. 따라서 연안류의 방향과 세기를 계산하여 연안류의 흐름을 어떤 방향으로 돌려야 효과적인지를 반드시 고려해야 한다. 물론 같은 계절에도 바람의 방향은 수시로 바뀌지만 여기서 고려해야 할 사항은 통계적인 빈도수와 강도가 가장 센 바람의 세기와 방향이다. 즉, 겨울의 북풍 내지 북서풍, 여름의 남풍 내지 남동풍을 가리킨다.

만약 남북 방향으로 곧게 뻗은 해안선에 대하여 북서풍이 불어오면 연안류는 해안을 따라 남쪽으로 흐르게 된다. 이 연안류에 실려 온 모래 퇴적물은 해수욕장의 남쪽 끝에 쌓인다. 계절이 바뀌어 남동풍이 불면 연안류의 방향도 반대로 바뀌어 북쪽으로 흐르게 되므로 모래 퇴적물은 해수욕장의 북쪽 끝에 쌓이게 된다. 모래 퇴적물의 '시소게임' 이동은 계절풍몬순이 강한 지역의 해수욕장에서는 일 년 내내 흔히 볼 수 있는 자연스러운 현상이다.

해수욕장에서 매년 재현되는 모래 퇴적물의 왕복 이동시소게임으로 불편을 느껴서 백사장의 모래가 바람 방향에 따라 이동하지 않고 제자리에 있어 주길 바라는 사람들이 고안해 낸 인공구조물 중 하나가 방파제일 것이다. 다만 자연의 평형 상태를 고려하지 않고 무작정 방파제를 쌓게 되면, 지금까지와는 완전히 다르게 변형된 해수욕장의 모습을 보게 될 것이다. 흔히 사용되어 오던 방파제 중의 하나가 해안선에 직각 방향으로 쌓는 '모래막이그로인'이다. 이 모래막이를 해수욕장의 양 끝에 설치하면 해수욕장의 모래가 계절에 따라 더 이상 시소게임을 하지 않고 현재의 모습 그대로 있어 줄 것이라 착각한 인간의 욕심으로 모래막이가 설치되면, 몇 년도 지나지 않아 모래해변이 통째로 사라져 버릴지도 모른다. 이유야 여러 가지겠지만, 연안류의 흐름을 무시하고 모래 공급원을 차단한 것이 가장 큰 이유가 될 것이다.

강변의 모래밭에서 애써 쌓아 놓은 모래성을 보호하기 위해 흘러드는 강물을 손으로 막으려 해도, 물길은 방향을 틀어 슬그머니 모래성 쪽으로 밀고 들어와 순식간에 모래성을 무너뜨렸던 경험을 해본 사람이 있을 것이다. 바닷가를 따라 흐르는 연안류는 강물처럼 그 흐름이 눈에 보이지는 않지만, 이제 여러분은 파도가 있는 해변에는 연안류가 흐르고 그 연안류에 실려 모래가 이동한다는 사실을 알게 되었다. 앞으로는 해수욕장을 가게 되더라도 이제까지와는 다른 과학적 추억을 만들 수 있을 것이다.

이제부터는 새로 쌓은 방파제 주변에서 연안류의 흐름은 어떻게 바뀌며, 그 연안류에 의해 이동하는 모래들은 방파제 주변 어디에 쌓이게 되는지, 그리고 연안류에 실려 움직이는 모래가 고갈되면 어느 쪽에서부터 침식이 발생하는지를 몇 가지 예를 들어서 함께 생각해 보도록 하자.

우선, 해안선을 가로지르는 '모래막이'를 1개만 설치한 경우를 살펴보자. 95쪽의 그림에서 파도가 왼쪽으로부터 해안 쪽으로 접근하게 되면, 연안류는 왼쪽에서 오른쪽으로 해안선을 따라 흐르게 되고 모래 퇴적물도 연안류에

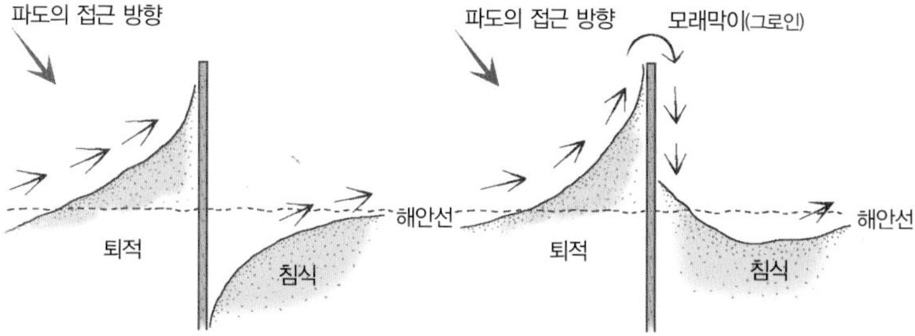

△ **모래막이 한 개를 설치했을 때 해안선의 변형** 해안선의 왼쪽 방향에서 파도가 밀려올 경우 처음(왼쪽)에는 모래막이그로인 왼쪽에 모래가 퇴적되고 오른쪽에는 침식이 일어나지만, 나중(오른쪽)에는 모래가 모래막이의 끝을 돌아 오른쪽 벽에 일부 쌓이면서 해안선의 모습은 오른쪽 그림처럼 변형된다.

실려 같은 방향으로 이동하게 된다. 그런데 한가운데에 설치된 모래막이로 인해 모래막이 왼쪽에는 벽쪽으로 모래가 쌓이게 되고, 모래막이 오른쪽에서는 벽 바로 옆에 있던 모래가 연안류에 밀려가 오른쪽 그림에서와 같이 깎이게 된다. 이러한 현상이 지속되면 왼쪽 벽에 쌓인 모래 퇴적물 중 일부가 벽 끝을 넘어 오른쪽으로 이동해 해안선 부근에 쌓이게 된다.

'모래막이'를 2개 설치했을 때에는 어떤 상황이 벌어질까? 앞서 모래막이를 1개 설치했을 경우에 일어났던 침식과 퇴적의 모습은, 2개를 설치했을 때에는 96쪽의 그림

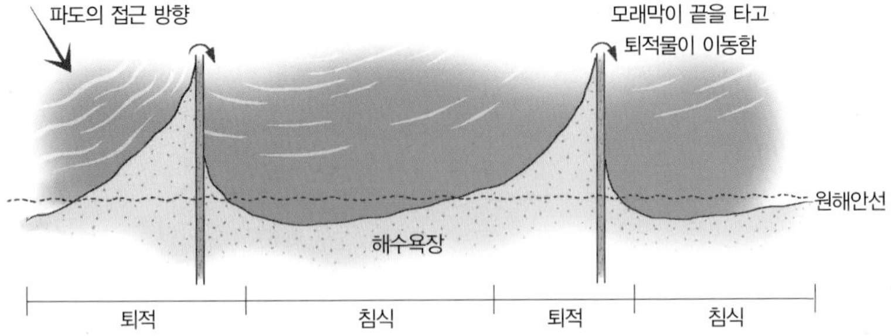

△ **모래막이를 해수욕장 양 끝에 두 개 설치했을 때 해안선의 변형** 해수욕장 내부는 왼쪽으로부터 접근하는 파도에 대하여 해안선이 그림과 같이 변형되며, 모래막이의 양쪽 바깥에서는 한 개의 모래막이 좌우에서처럼 각각 퇴적과 침식이 발생한다.

에서와 같이 변형되어 나타난다. 모래막이의 내부, 즉 해수욕장의 해안선은 한가운데가 후퇴침식하고 양쪽 벽으로 모래 퇴적물이 쌓여서 그림과 같은 형태가 된다. 즉, 해수욕장의 모래를 보호하기 위해 양쪽에 설치한 모래막이 때문에 한가운데에 있는 모래가 유실되어 해안선이 후퇴하게 된다. 이 2개의 모래막이 바깥쪽으로는 1개를 설치했을 때와 마찬가지로 모래가 넘어가 침식이 된다.

최근에는 해안선을 가로지르는 모래막이보다는 해안선과 평행하게 쌓는 방파제를 더 많이 볼 수 있다. 해안선을 가로지르는 모래막이로는 더 이상 모래의 이동을 효과적으로 막을 수 없다는 것을 경험한 사람들이 다른 방법을 개발해 낸 것이다. 여러 가지 방법 중에서 가장 널리 채택되고 있는 것이 바로 해안선과 평행한 방파제이다. 이 방법에도 한계는 있다.

앞 장에서 살펴본 파도의 성질과 방파제 주변에서 변형되는 파도와 그 에너지의 전파 방향에 따라 연안류와 연안류의 흐름에 실려 가는 퇴적물이 어떻게 이동하는지를 아래 그림을 통해 관찰해 보면 알 수 있다. 이 그림은 해안선에 평행하게 파도가 밀려올 때, 방파제(이안제)와 해수

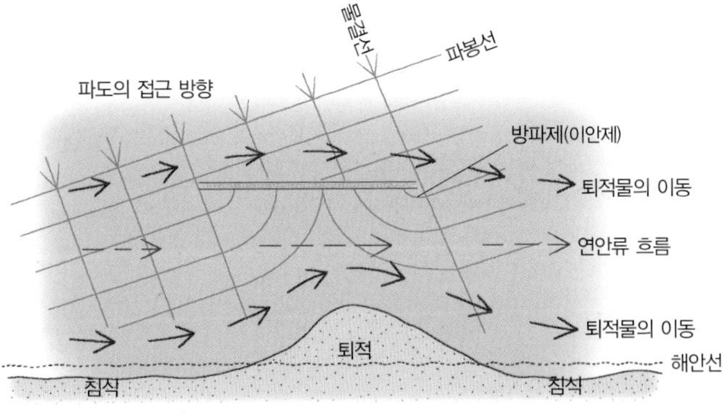

△ **왼쪽으로부터 비스듬히 밀려오는 파도에 대해 해안선과 평행하게 설치한 방파제**
파도의 굴절과 회절현상 때문에 방파제(이안제) 뒷면의 해안선 부근에 퇴적현상이 일어나고, 연안류가 통과하는 폭이 좁아져 병목현상이 생겨 연안류는 강해진다.

욕장 사이에서 파랑에너지가 어떻게 꺾이는지와 해안선이 어떻게 변형되는지를 보여 준다. 파도가 방파제와 같은 장애물을 만나면 그 끝에서 파선파도가 진행하는 방향이 꺾이게 되는데, 이것은 마치 빛이 장애물의 가장자리를 지날 때 장애물 뒤에 생기는 빛의 굴절현상과 같다. 방파제 뒤쪽에서의 파랑에너지 굴절현상으로 파봉선이 꺾이면서 파고가 낮아져 해안선 모양이 97쪽 그림에서처럼 변형된다. 파랑에너지의 굴절현상이 해안선을 변형시키고, 왼쪽에서 오른쪽으로 흐르는 연안류를 따라 모래 퇴적물도 함께 이동하게 된다.

방파제 뒤 가운데 부분에는 파랑에너지가 크게 영향을

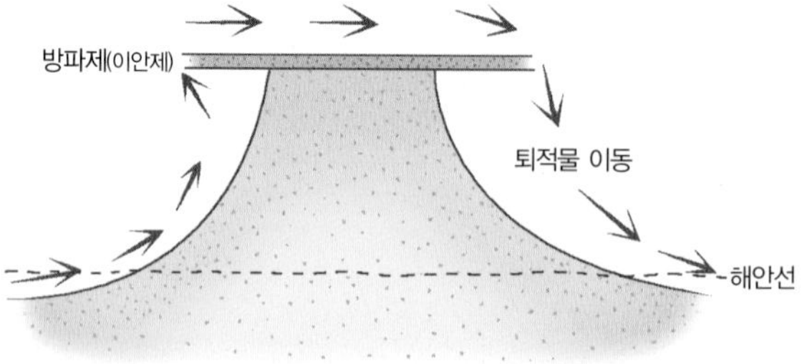

△ **해안선과 방파제이안제 사이보다 상대적으로 긴 방파제를 설치했을 때 해안선의 변형**
방파제 뒷쪽에 모래가 점점 쌓여 결국은 해변과 방파제 사이가 연결되어 육계사주톰볼로가 생기기도 한다.

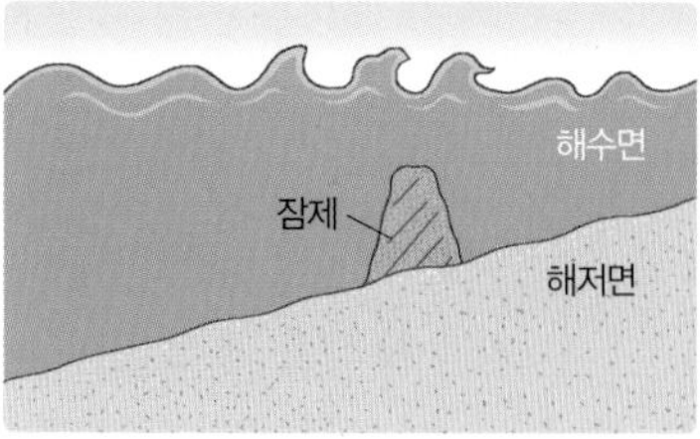

△ 파랑에너지를 효과적으로 막고 방파제와 해안선 사이에 모래가 쌓여 막히는 현상을 방지하기 위해 물속에 잠기는 방파제잠제를 축조하기도 한다.

끼치지 못하므로 퇴적물 이동량은 적어지지만 연안류의 유속은 빨라진다. 방파제의 바로 뒷면에 위치한 해안에는 퇴적물이 점점 쌓이고, 파랑에너지의 굴절현상이 미치지 못하는 해변에서는 모래가 깎여나가 해안선이 후퇴하게 된다. 만약 해안선과 평행한 방파제이안제의 길이가 해안선으로부터의 거리에 비해 상대적으로 길면, 모래 퇴적물이 해안선과 방파제 사이에 점점 쌓여 결국 막아 버리게 될 수도 있다. 이런 현상육계사주을 방지하기 위해서 물속에 잠기는 방파제잠제나 물은 통과시키고 모래의 이동은 차단시키는 투과형 방파제를 쌓기도 한다. 백사장과 암석의 경계지역에서는 여전히 모래막이를 쌓아서 모래 퇴적물이 암반지역으로 이동하는 것을 막기도 한다.

여기서 잠깐, 해안에서 일정한 수심의 깊이까지 수면을 개인 재산으로 인정하는, 해변 사유화를 허용하는 미국에서 있었던 일화이다. 미국 동부해안에 사는 어느 주민이 많은 돈을 들여서 자기가 소유한 백사장의 모래를 보호하기 위해 해안선을 따라 평행하게 방파제를 쌓아 방파제 바깥쪽에서 파도가 부서지도록 해서 자신의 백사장과 방파제 사이에는 파도가 거의 일지 않도록 하려고 했다. 그런데 파랑의 회절 효과 때문에 오래지 않아 방파제 뒤로 모래가 지속적으로 쌓여 결국 방파제와 그 사람 소유의 백사장이 모래로 연결되었다. 그 주인은 자기 소유의 백사장이 넓어져서 좋았겠지만, 문제는 이웃한 백사장의 모래밭이 깎여 나간 것이다. 바로 자기 이웃에서 축조한 방파제 때문이라는 사실을 알게 된 그 이웃은 소송을 걸었다. 방파제 뒤에 퇴적된 모래가 바로 자신의 해변에서 깎여 나간 모래라는 사실을 알고는 자신의 재산을 되찾으려 한 것이다.

우리나라에서는 이런 분쟁이야 없겠지만, 개인에게 해변 소유권을 허용하는 나라에서는 해변을 보호하기 위해 개인이 방파제나 해안 벽을 쌓을 경우, 그 방파제 뒤에는 모래가 쌓이고 이웃 해변에서는 어느 날부터인가 모래가 깎여 나가 해안선이 후퇴하는 현상이 발생하여 이웃간에 마찰이 생겨 법적 분쟁으로까지 종종 번지기도 한다. 이런 경우, 파도가 방파제 뒤에서 회절현상을 일으켜 이웃한 해변에서 침식해 온 모래가 쌓이게 된다는 원리를 미리 알았다면 이웃 간의 분쟁은 일어나지 않았을 수도 있을 것이다.

8부
모래언덕의 비밀

매스컴은 점차 사라져 가는 해수욕장의 모래와 해안선 후퇴현상에 대한 원인으로 지구 온난화를 꼽는 데 주저하지 않는다. 하지만 지금까지 우리나라 해변에서 일어난 '사라지는 해수욕장'의 대부분은 무분별한 해안 개발이 직접적인 원인이라 해도 지나치지 않다. 물론 지구 온난화가 해수면을 높여 태평양에 위치한 몇몇 섬나라의 일부를 장기적으로 물에 잠기게 하는 원인인 것은 사실이다. 그러나 우리나라 해안에서 최근 20~30년 이내에 이루어진 대규모 하구둑이나 방조제 그리고 크고 작은 접안시설과 방파제의 건설과, 건설 자재로 쓰이는 바닷모래의 마구잡이

채취 등으로 인한 부작용이 온난화에 의한 해수면 상승 내지는 폭풍해일의 세기 강화 효과보다 훨씬 더 심각하다. 이와 같이 여러 형태로 이루어지는 해안 개발을, 해안 침식을 일으키고 해수욕장의 모래를 사라지게 하는 주범으로 규정하는 것이 오히려 더 정확하다.

해안 침식과 해일 등으로 인한 해변의 침수는 어민들과 해안 저지대에 거주하는 주민들의 생명과 생계를 위협한다. 해수욕장에서 모래가 사라짐으로써 휴양지의 레저 환경이 훼손되어 이곳을 찾는 사람이 줄어 주변 상권은 위축되고 결국 해변을 삶의 근거지로 삼던 사람들의 삶의 질을 떨어뜨리는 원인이 되고 있다.

최근에는 본격적인 여름 피서가 시작되기 전에 관광객을 유치하기 위해 '모래성 쌓기 축제'를 개최하는 해수욕장이 늘고 있다. 바닷물과 모래의 특성을 이해하고, 해수욕장과 건전한 해변문화 확산에 도움이 되리라 생각된다. 아직은 걸음마 단계로 대회의 규모들이 크지 않지만, 앞으로 여러 분야에서 자유분방한 사고를 지닌 사람들의 참여를 유도할 수 있다면 관광객 유치뿐만 아니라 이와 연관 있는 지역의 해양 관련 산업을 활성화하는 데에도 도움이 될

△ 지난 여름 망상 해수욕장에서 개최되었던 모래 조각 경연대회 출품작품들

수 있을 것이다.

솜씨 좋은 사람이 아무리 크게 만든 모래성이라고 해도 자연이 만들어 내는 모래언덕의 규모에 비하면 보잘 것 없다 할 만큼 크기가 작다. 특히 사막에서 '모래폭풍'이라고 불리는 세찬 바람이 하룻밤 사이에 만들어 내는 모래언덕의 크기는 상상하기 어려울 정도로 거대하다. 사막의 모래언덕은 그 크기와 모양의 다양함과 웅장함은 물론 빠른 시간 내에 생겼다가 없어지기를 반복하여 옛날부터 사막을 오가는 사람들의 방향 감각을 잃게 만드는 공포의 대상이 되어 왔다. 사막에서만 모래가 바람에 날리는 것이 아니라 크고 작은 모래해변에서도 작은 모래알들이 바람을 타고 쉽게 날아다닌다.

해변의 백사장 주변 모래언덕은 바람이 부는 방향에 따라 쌓이는 위치와 모양이 다르므로, 해변의 모래언덕은 '바람의 산물'이라 할 수 있다. 즉, 해변의 모래언덕은 모래알의 크기와 형태, 모래가 모이는 방식, 모래를 실어나르는 바람의 세기, 식생植生 등 주변 환경 등에 따라 모양과 크기가 결정된다. 그 외에 해안지형, 파랑 기후, 조차조석의 높낮이, 장기간에 걸친 해수면 변동 따위가 모래언덕을 형성하는 요인이 되고 있다.

해변의 모래언덕은 큰 파도와 바람을 완충시켜 주는 역할을 한다. 평소에는 조금씩 언덕을 쌓아가다가 폭풍태풍이나 해일과 같은 특정한 일이 일어나면 후퇴한다. 그 상황이 지나가면 다시 조금씩 쌓여 퇴적될 뿐만 아니라 폭풍이 발생한 동안이나 그 후에 줄어들었던 해수욕장의 모래를 보충해 주기도 한다. 해수욕장해빈과 모래언덕 사이에 모래퇴적물를 서로 교환하는 것은 그 해안의 지형적 안정과 생태적 다양성을 유지하는 데 매우 중요한 자연 과정이다. 따라서 인공적으로 훼손시키는 일이 없어야 할 것이다. 모래언덕이 큰 파도와 해일의 공격으로부터 후방의 주거지를 보호하는 역할 외에도 바닷물소금물의 침투를 막아 담수

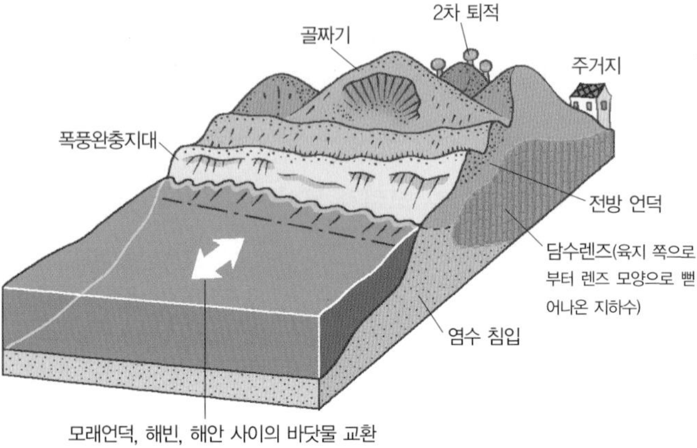

△ **해안의 모래언덕** 백사장의 남는 모래를 받아들여 저장하거나 경우에 따라서는 방출하기도 하며, 폭풍 등 거친 파도를 막아 주는 완충작용으로 주거지와 해안의 지하수담수를 보호한다담수렌즈.

인 육지의 식수원지하수을 보호하기도 한다.

계절풍이 부는 우리나라에서 모래언덕은 보통 겨울철에는 북서 계절풍이 우세하여 해변의 남쪽에, 여름철에는 남동 계절풍의 영향으로 해변의 북쪽에 대체로 만들어진다. 바람에 의해 만들어지기는 했지만, 사리와 조금 같은 조수 간만과 해수면의 장기적인 상승이나 하강에 의해서도 앞뒤로 조금씩 전진과 후퇴를 반복한다.

호기심이 발동하여 적극적으로 다리품을 팔며 직접 모

래언덕들을 찾아가 자세히 관찰해 보았더니, 모래언덕 위에 갈대와 비슷한 풀이나 푸릇푸릇한 키 작은 풀들이 군데군데 자라고 있는 것을 볼 수 있었다. 척박한 모래언덕 위에도 여러 가지 식생植生이 자라고 있는 것이다. 이들 식생은 바람에 실려 가던 모래알들이 땅으로 내려앉을 수 있게 해 모래를 모아 처음에는 모래언덕이 만들어질 수 있도록 작용할 뿐만 아니라, 모래언덕이 바람에 의해 이동하거나 모양이 크게 변하지 않고 안정적으로 자리를 지킬 수 있게 함으로써 해안 침식을 막는 데에도 큰 몫을 한다.

△ **식물이 자라고 있는 모래언덕** 모래언덕은 뒤편의 주거지를 보호하는 완충지대 역할을 한다.

전에는 흔히 볼 수 있었던 큰 규모의 모래언덕이 요즈음 해변에서는 찾아보기 힘들거나 그 크기가 상당히 줄어든 모습을 많이 볼 수 있다. 그래서 최근에는 모래언덕의 중요성을 인식한 일부 지방자치단체나 서해안의 몇몇 해수욕장에서 대나무 발 따위를 엮어 만든 모래 포집기를 설치하여 모래언덕과 주변 식생을 보호하거나 복원하려는 시도가 이루어지고 있다. 다소 늦은 감이 없지는 않지만 그나마 매우 다행스러운 일이라 할 수 있다.

9부 태풍 이야기

파도를 일으키는 여러 가지 요인 중에 지구 상에서 가장 강력한 바람인 태풍颱風을 빼놓을 수는 없다. 지금부터는 태풍에 얽힌 이야기를 해 보도록 하자. 앞에서 바닷바람해풍을 이야기할 때 설명했듯이 지상에 바람이 부는 것은, 서로 이웃한 공기 기둥의 밀도가 다를 때에 밀도가 더 높은 무거운 공기가, 밀도가 낮은 가벼운 공기를 위로 밀어내고 그 자리를 차지하기 위해 수평으로 이동하는 자리다툼 때문이다. 더불어 공기가 방향성을 갖고 움직이는 것은 중력의 힘이라 이야기했다. 즉, 한낮에 부는 바닷바람해풍은 햇볕에 데워진 육지의 가벼워진 공기를 밀어내고 자신이 차지하려고 하는 바다 쪽 무거운 공기의 침입이다. 또한 겨울철 눈물 쏙 빠지게 불어대는 삭풍겨울철 북쪽에서 불어오는 찬바람은 시베리아의 차갑고 무거운 공기가 남쪽 열대지방의 덥고 가벼운 공기를 한방에 밀어 올리기 위해 수천 킬로미터를 멀다 않고 단숨에 달려가는 계절풍의 '돌격'인 셈이다.

그렇다면 밀도가 낮은가벼운 공기는 밀도가 높은무거운 공기의 눈치를 살피다가 무거운 공기가 밀고 들어오면 자리를 내주어야 하는 것이 자연의 이치임에도 불구하고, 어째서 이러한 상식과는 달리 가벼운 공기 기둥인 '열대성 저기압태풍'의 중심은 어떻게 그토록 강력한 바람을 만들어 낼 수 있는 것일까? 야생의 맹수들끼리 벌이는 일 대 일 결투라면 무겁고 센 놈고기압이 가볍고 약한 놈저기압에게 돌진하여 단숨에 가벼운 놈을 허공으로 밀어 올리는 뻔한 결말을 상상할 수 있다.

하지만, 만약 여러 마리의 힘센 놈센 바람이 '매력적인 먹잇감태풍의 중심'을 발견하고 그것을 향해 동시에 달려든다면 어떤 일이 벌어질까? 문제는 그 매력적인 먹잇감도 만만하지 않아 자신을 향해 달려드는 힘센 놈들끼리 서로 싸우게 만들어 놓고 자신은 계속 움직이면서 이들을 다른 곳으로 유인한다는 것이다. 먹잇감을 차지하기 위한 쟁탈전태풍의 중심을 향해 바람이 나선형으로 몰리는 현상은 점점 거세어지는데 먹잇감은 자꾸 달아나니까태풍의 중심 이동 이들도 먹잇감을 따라서 이동하는 모습을 상상해 볼 수 있다. 이것이 바로 가벼운 공기 기둥인 열대성 저기압의 중심인 '태풍의 눈'으로 돌진하는 주변의 무거운 공기 기둥들이 일으키는 거대한 회오리바람태풍이다.

태풍의 위력은 신문이나 방송으로 보도되는 연안 재해를 통해 간접적으로 그 규모를 실감할 수 있다. 그런데 바다 위에 발달한 태풍이 만들어 낸 구름을 인공위성에서 찍

△ 태풍의 눈중심을 중심으로 상공에서 찍은 구름

은 사진을 보면 그 모습만으로도 신비스러움을 너머 경외감을 불러일으키게 만든다. 열대성 저기압으로 불리는 태풍은 더운 바다의 열을 불안정한 대기를 통해 순식간에 상층으로 빨아올리는 방식으로 에너지를 모은다. 제자리에서 마치 블랙홀처럼 열에너지를 끌어모아서 어느 정도 움직일 수 있는 힘을 만들면, 천천히 움직이면서 그 세력을 불린다. 물론, 때로는 더 이상 크게 성장하지 못하고 소멸하기도 한다. 열대성 저기압은 태풍으로 성장하기 위해서는 바다로부터 열에너지를 지속적으로 공급받아야 한다. 태풍이 더운 지역이나 여름에 주로 발생하고 겨울에는 잘 발생하지 않는 이유가 바로 여기에 있다. 만약 앞으로 더운 열대 바다의 영역이 넓어진다면, 태풍이 발생할 확률이나 그 세기가 증가하리라는 추측을 할 수 있을 것이다.

앞으로 지구의 온난화로 태풍의 위력이 지금보다 더 강해지지 않도록 하기 위해서는 어떻게 해야 할까? 태풍에 의한 재해를 조금이라도 줄이기 위해서는 자동차의 배기가스와 공장 등에서 화석연료 사용으로 인해 배출하는 온실가스를 줄이려는 노력을 개개인은 물론 국가 나아가 전 지구적 차원에서도 해야 한다. 만약 자전거를 많이 타고 다니는 중국 사람들이 모두 자동차를 이용한다면 그들이 배출하는 배기가스의 양은 지구 온난화에 크게 기여(?)하게 될 것이다. 이는 앞서 말한 대로 더 강한 태풍으로 사람들에게 피해를 되돌려 주게 된다.

최근 전 세계적으로 경제가 침체되면서 자동차 이용에 의한 화석연료 연소의 증가 추세가 주춤하고 있지만, 각국 정부는 지금보다 훨씬 더 온실가스를 줄이는 대책에 노력을 기울여야 할 것이다. 그럼에도 세계 인구의 약 1/3 정도를 차지하고 있는 중국과 인도, 그리고 세계 경제의 큰 축을 이루고 있는 미국이 온실가스 저감을 위한 국제적 노력에 아직까지 적극적으로 나서지 않고 있는 것은 안타까운 일이다. 중국의 산업화는 우리나라의 수출 산업에 도움을 주고는 있지만, 온실가스의 증가로 인하여 태풍이라는 자연재해를 강화시킬 가능성 또한 높이고 있다.

태풍이 해안으로 상륙할 때에 어떤 일이 일어날까?

보통 태풍은 반지름이 수백 킬로미터에 달하므로 태풍의 영향권 안에 놓이면 파도가 크게 일고 비도 많이 내린다. 열대성 저기압의 중심에 해당하는 '태풍의 눈' 바로 아래 놓이면 주변과의 기압 차이가 크게 생겨 해수면이 위로 솟아오르게 된다. '태풍의 눈'은 지속적으로 움직이므로 주변보다 솟아올라 높아진 해수면도 태풍의 눈을 따라 같이 이동하는 '역기압 효과'가 나타난다.

'역기압 효과'란 해수면을 내리누르는 공기 기둥의 압력기압이 1헥토파스칼hP 증가하면 해수면은 약 1~3센티미터 내려가고, 기압이 감소하면 반대로 해수면은 그만큼 솟아오르는 것을 말한다. 태풍이 육지에 상륙하기 직전에는 비바람을 동반한 강풍이 해안으로 몰아쳐 거센 파도가 해안을 강타한다. 또한 역기압효과에 의해 솟아오른 바닷물이 태풍의 눈과 함께 움직임에 따라 해변을 급습해 일격을 가하기도 한다. 따라서 해안 저지대에서는 이렇게 주변 해안으로부터 하늘로 끌어올렸다가 내리붓는 바닷물에 의한 침수가 비바람에 의한 재난보다 훨씬 더 큰 재난을 일으킨다. 2003년 9월에 태풍 '매미'에 의해 큰 피해를 입은 마산항의 경우가 바로 이런 바닷물에 의한 침수 피해였다.

여름철 열대 바다에서 발생하여 바다로부터 에너지를 공급 받으면서 대기 중 반경 수백 킬로미터의 맴돌이 세력권을 형성하면서 주변에 많은 비를 뿌리며 중위도 지역까지 이동하는 '열대성 저기압' 태풍허리케인이나, 겨울철 시베리아 지방에서 형성된 차가운 고기압의 중심으로부터 몰아치는 폭풍이 우리나라 해변을 덮치면 해안지방의 저지대는 큰 파도와 해일로 물에 잠기고침수되고 해빈이 깎여 나가침식되어 해안선이 순식간에 바뀌기도 한다.

해수욕장의 모래가 태풍이 상륙할 때 동반되는 바닷물폭풍해일에 의해 순식간에 휩쓸려 나가는 경우 그때 유실된 모래 퇴적물 중 상당 부분은 오랜 시간이 지나도록 원래 상태로 복원되지 못하기도 한다. 큰 파도나 해일에 한꺼번에 휩쓸려 나간 백사장의 모래는 파도가 가라앉아 다시 잔잔해져서 다시 해변에 모래가 쌓일 수 있는 조건이 만들어져도 원래 위치로 되돌아오지 못하고 깊은 곳에 파묻히는 경우가 종종 있다. 이런 경우에는 평상시 파도에 의해 떠밀려 갈 수 있는 수심 한계보다 더 깊은 곳에 묻히게 되어 해수면이 다시 낮아지지 않는 한 '지질학적 시간수백 년의 단위가 아니라 수백만 년' 동안 다시 해변으로 밀려와 햇빛을 볼 기회는 영영 잃어버리기 십상이다. 또 다시 수백만 년의 시간이 흘러 지각운동이나 화산활동 따위에 의해 바닷속 해저층이 육지로 솟아오르지 않는 한 심해에 갇혀 있을 수밖

토네이도는 태풍과 어떻게 다르지?

토네이도는 육지 위에서 부는 회오리바람으로 대부분 반지름이 수백 미터 이내이고, 회전속도가 초속 50~100미터 정도이다. 바다에서도 이와 같은 '회오리 물기둥'이 발생하기도 하는데, 토네이도보다 더 많이 발생하지만 세기는 상대적으로 약하다. 이들은 보통 벼락이 칠 때 순간적으로 형성된 진공 상태로 주변의 공기가 빨려 들어가면서 발생하여 보통 지구의 자전 방향으로 회전한다. 회오리바람이 수직으로 상승하는 속도는 그 회전속도와 비슷하다. 규모가 매우 작고 수명이 짧은 돌풍의 경우에는 지구의 자전 방향과는 상관없이 제멋대로 돌기도 한다.

반지름의 크기가 대부분 100킬로미터 이상인 태풍과 1킬로미터 미만인 토네이도의 위력을 비교한다는 것 자체가 무리일지도 모른다. 그러나 토네이도가 휩쓸고 지나간 자리에, 큰 나무가 뿌리째 뽑히거나 자동차가 바람에 날아가고 집이 부서지며 트레일러가 뒤집히는 일이 심심치 않게 일어나는 것을 보면 결코 무시할 수 없는 자연현상 중의 하나이다.

그런데 재미있는 일은 토네이도가 호수나 바다 위를 통과하게 되면 순간적으로 회전 동력을 잃고 사그라져 버린다. 태풍도 육지에 상륙하고 나면 바다로부터 빨아들이던 열에너지를 공급받지 못해 대부분의 경우에 세력이 크게 위축되거나 소멸된다.

에 없다는 말이다.

웬만한 파도의 영향을 받지 않는 이런 '한계 수심' 이하로 모래가 쓸려 나가는 것은 대개 폭풍태풍이나 해저지진으로 발생하는 해일이나 파고가 높은 폭풍파에 의해서다. 엘니뇨와 같은 해수면의 긴 주기 변동성과 연관을 시키면, 해수면의 '상승 국면평균해수면이 수년 동안 계속 상승하는 국면'에는 '하강 국면평균해수면이 수년 동안 하강하는 국면'보다 큰 해일이 발생했을 때 해변에 더 넓은 범위의 침수와 심각한 침식현상이 일어나 해안선의 변형이 심해진다. 물론, 해수면의 '하강 국면' 때에 큰 파도나 해일에 휩쓸려 나간 모래 퇴적물이 다시 해변으로 되돌아올 확률은 더 적어진다.

이제까지 이야기한 파도를 포함한 해수면의 변동은 한마디로 정의하기 어려운 매우 복잡한 복합현상이다. 즉, 일 초에서 수십 초 단위로 끊임없이 일렁이는 파랑에서부터 몇 분에서 이삼십 분 간격으로 여러 차례 밀려오는 지진해일이나 폭풍해일, 하루에 두 번씩 주기적으로 오르내리는 조석밀물과 썰물, 사리와 조금2주 변동, 일 년 주기로 변하는 연변동, 수년 주기로 변하는 경년변동, 수십 년 주기로 변하는 장주기변동 등 그 폭과 주기가 다르다. 앞에서 이야기한 수년을 주기로 하는 해수면의 상승 국면과 하강 국면도 하루에 두 번 밀물과 썰물에 의해 해수면이 오르락내리락하는 것과 이치는 같다. 이 역시 엘니뇨가 발생하고 소멸되는 시간의 주기를 갖는 것처럼 발생에서 소멸까지 약 4년 내외의 주기로 해수면이 상승과 하강을 반복하는 변동성을 갖는다.

해수면의 변동 폭은 지구 상에서 지역에 따라 다르지만, 일반적으로 최소한 일 년 정도의 해수면 자료를 분석하여 각기 다른 주기 성분을 분석한다. 해수면을 연속적으로 관측한 자료를 가지고 주파수 별로 변환시키는 수학적 분석방법을 이용하면 앞에서 이야기한 여러 성분의 크기를 계산해 낼 수 있다. 만약 수년 이상의 해수면 자료를 가지고 있다면, 해안선 변화에 대한 짧은 주기, 1년 주기 또는 수년을 주기로 하는 변동성을 포함하여, 각 성분이 침식퇴적에 기여한 정도도 추정해서 계산할 수 있다. 이렇게 각기 다른 주기의 성분이 해안의 침식이나 퇴적에 얼마만큼 기여했는가를 파악하면, 해안선으로부터 멀어져간 모래들을 다시 해수욕장으로 끌어들여 해안선을 원래대로 복원해서 쾌적한 상태로 유지시킬 수 있는 과학적 방안들을 강

구하는 데에 큰 도움이 된다.

해수욕장의 모래알들은 저 멀리 육지의 깊은 산속 계곡에서부터 하천을 따라 풍화작용을 받으며 흘러내려 와 바닷가에 정착하는 긴 여행을 거쳤지만, 바닷가의 모래밭도 영원한 안식처가 아니라 다시 파도에 이끌려 새롭고 긴 여행을 떠나게 된다. 끊임없이 밀려오는 파도와 연안류에 휩쓸려 좌우로 또는 상하로 이리저리 떠밀려 다니기도 하고, 때로는 폭풍과 같은 큰 파도에 휩쓸려 깊은 바닷속으로 내동댕이쳐지기도 한다. 심해 깊은 곳에 파묻혀 길고 긴 시간이 흐른 후 화산활동이나 지각운동으로 해저 지면이 육지로 솟아오르면 모래암석사암이 되어 다시 육지로 올라온다. 그리고 다시 풍화작용을 겪으며 바다로 나가는 과정을 되풀이한다.

10부
돌아온 모래알의 추억

해안에 파도가 밀려올 때 일어나는 여러 가지 과학적 현상과, 파랑에너지에 의해 연안류가 어떻게 발생하고, 연안류 세기의 강약에 의해 어떠한 일이 일어나며, 연안 해저면 골짜기에 이안류가 발생하여 급류로 빠져나가는 연안 순환의 일부를 형성하는 모습 등에 관하여 알아보았다. 이러한 연안 순환 과정과 인공 구조물 따위에 의한 평형 상태의 붕괴로 사라진 해수욕장을 복원하는 일은, 먼저 연안 순환 과정 내에서 백사장과 파랑 기후 사이의 평형 상태를 진단하는 작업에서부터 시작되어야 한다. 방파제나 모래막이와 같은 해안 구조물을 설치하든, 주기적으로 모래를 보충해 주는 인공적인 방법이든 모두 제대로 진단한 연안 순환구조와 모래해변 복원 이후에 변경된 평형 상태를 지속적으로 유지시킬 수 있는 방법 등을 먼저 연구한 후에 이루어져야 할 것이다.

그러나 여기서는 백사장을 복원하는 해양 공학적 방법에 관한 논의보다는 복원된 백사장이 사람들에게 가져다 줄 즐거움과 생태적 어울림에 관한 저자 개인의 단편적인 생각들로 이 책을 마무리하려고 한다.

산업화와 도시화가 빠르게 진행되고 있는 현대를 사는 여러분 중에는 진달래를 따 먹고, 갯가에서 물장구치며 놀던 어린 시절을 가진 사람은 많지 않을 것이다. 그러나 여러분의 부모님 세대만 해도 개울에서 미꾸라지를 잡고, 바닷가 갯벌에서 망둑어 낚시를 하던 소중한 기억을 가진 분들이 많다. 그 시절에는 다슬기나 우렁이, 소라와 같은 고둥과 바지락, 모시조개, 갯지렁이, 게 등이 풍부하게 널려 있는 개울가와 바닷가 갯벌을 통해 그야말로 살아 숨 쉬는 생태의 현장들을 직접 보고 느낄 수 있었다.

그런데 영토가 넓지 않은 우리나라는 갯벌을 막아 없애는 간척사업을 해서라도 국토 늘리는 일을 지상과제로 여겼던 적이 있었다. 그로 인해 생태의 조화가 무너졌음은 두말 할 것도 없다. 다행히 지금은 시대가 변하여 경제적으로 여유가 생기면서 보다 나은 삶을 추구하고 고민하는 시대에 살고 있다. 그러면서 살아 숨 쉬는 생명체들의 보고라 할 수 있는 갯벌이나 백사장이 없어지는 것이, 인간의 행복한 삶을 추구하는 데 손해인 동시에 치명적인 환경을 만드는 일임을 깨닫아 어쩌면 여러분의 후손들은 다시 자연을 벗 삼아 노는 일이 말 그대로 자연스러운 일이 될 수도 있을지 모르겠다.

깊은 산 속 암벽에서 깨어져 나온 암석은 강 상류의 급류를 타고 풍화작용을 거치면서 깨지고 다듬어지며 강의 중류를 지나 구불구불 하류까지 흘러오게 된다. 그 사이 부서지고 물살에 깎여 어느덧 둥글둥글한 자갈로 변했거나 아주 잘게 부서져 모래가 되어 강 하구에 도달하여 바닷물과 만나게 된다. 바닷물에 실려 나간 모래는 파도나 연안을 따라 흐르는 연안류에 의해 이리저리 흘러다니다 모래톱[사주]을 만들기도 하고, 해변에 자리를 잡아 사람들에게 즐거움을 주는 해수욕장을 만들어 내기도 한다. 모래톱이든 모래사장이든 자리를 잡았던 모래알은 햇볕에 잘

말려져 바람에 날려 해수욕장 옆에 높은 모래언덕을 쌓는다. 이 모래언덕은 그 뒷쪽에 사는 주민들을 폭풍이나 해일과 같은 자연재해로부터 보호해 주는 방파제나 방수제 역할을 하기도 하고, 이름 모를 풀들이 자랄 수 있도록 돕기도 한다.

파도가 끊임없이 밀려나갔다 들어오는 해안선 주변에는 어느 사이 여러 가지 종류의 조개와 해초들이 밀려오기도 한다. 그러던 어느 날 갑자기 비바람과 함께 거센 파도가 몰려와 해안의 모래를 흠뻑 쓸어가 버리기도 한다. 다시 평온을 찾아 잔잔해진 바닷가에는 조개들이 부딪치며 내는 짜그락거림이, 마치 모래성을 쌓으며 재잘거리는 아이들의 잡담처럼 나른하게 퍼지도 한다.

그러나 해수욕장은 여름철 피서를 즐기기 위해서만 존재하는 것이 아니다. 계절에 상관없이 생활에 찌든 도시사람에게 여가와 놀이를 통해 정서적 안정과 즐거움을 제공할 뿐 아니라 상권을 형성하여 인근 주민들에게 경제적 여유를 가져다주어 궁극적으로 사람들의 삶의 질을 높이는 데에 기여하고 있다. 따라서 해수욕장에서 모래가 사라져 버린다는 것은 시민들의 여가와 오락, 해양스포츠의 기회를 빼앗는 일일 뿐만 아니라 주변 상인들의 생존을 위협하는 것이기도 하다. 따라서 사라진 모래를 다시 제자리로 되돌릴 수 없다면 인공적으로 보충하는 양빈養濱의 방법을 써서라도 복원하는 것이 좋겠다. 기왕에 인공적이든 자연적이든 복원을 했다면 다시 모래들이 사라지지 않도록 전문가와 지방자치단체, 그리고 주변 상권에 의지해 살아가는 사람들 모두가 나서서 지속적으로 보호하는 연구와 노력이 이루어져야 할 것이다.

특히 요즈음은 지방자치단체마다 자기 지방의 특산물이나 특화된 문화를 소개하는 축제를 활발하게 진행하여 새롭게 지방색을 조명하고 소득을 올리느라 분주하다. 각 지방의 해수욕장들도 여름 축제를 포함해 강원도 삼척은 동굴축제, 경상북도 울진은 대게축제, 경상북도 포항과 부산 해운대에서는 모래 조각 경연대회, 충청남도 안면도는 꽃박람회축제 따위를 개최하고 있다. 이런 활발한 행사와 함께 해변을 지키는 일도 소홀함이 없어야겠다.

과학적 원리나 자연의 흐름을 무시하고 무분별하게 쌓은 방파제 때문에 저 멀고 깊은 곳으로 쓸려 내려가 영영 되돌아오지 못하는 모래 이야기는 왠지 서글픈 생각이 들

△ 조개 껍데기와 불가사리(왼쪽), 조개 껍데기와 조그만 자갈 및 죽은 산호조각(오른쪽)

게 한다. 하구둑 때문에 갯벌과 모래톱 사이에 갇혀 말라 죽은 조개와 고둥도 우리를 슬프게 한다. 온난화로 더워진 지구로 인해 높아져 가는 해수면에 잠겨 버린 산호와 감쪽같이 사라져 버린 백사장 역시 우리를 슬프게 한다. 슬픈 바닷가 이야기는 이제 그만하고, 큰 파도와 잔잔한 파도가 잘 어우러져 밀려 나갔던 모래알들이 다시 백사장으로 되돌아오고 생명들이 살아 숨 쉬는 바닷가에서는 깔깔거리며 아이들이 뛰노는 모습을 볼 수 있었으면 좋겠다. 반짝이며 부서지는 백사장 저녁노을을 바라보며 바다 너머를 꿈꾸는 아이의 미래를 듣는 엄마의 행복한 웃음을 따라 모래알이 춤춘다. 태풍에 휩쓸려간 모래성과 고둥 속에서 환생한 인어 이야기가 제자리로 되돌아온 모래밭에서 꿈이 되어 영글어 갈 것이다.

사진에 도움 주신 분들

김웅서(한국해양연구원), 바다 위에 부서지는 햇살(24쪽), 권쇄파(39쪽 왼쪽)

박광순(한국해양연구원), 지진해일의 위력(49쪽 아래)

최병호(성균관대학교), 지진해일의 위력(49쪽 위)

최형태(한국해양연구원), 끝없이 펼쳐진 서해의 갯벌(12쪽)

한국해양연구원, 해안에 형성된 이안류(33쪽)

참고문헌

송원오 · 박우선 엮음, 「연안역의 자연현상」,『해양과학총서 6, 연안개발』, 한국해양연구원, 2001.

Blair Kinsman, 『Wind Waves: Their Generations and Propagation on the Ocean Surface』, Dover Publ., Inc., New York. 1983.

Coastal Engineering Research Center, 『Shore Protection Manual』, Department of the Army, US Army Corps of Engineers. Vicksburg, Mississippi 39180-6199, 1984.

Franciscus Gerritsen and Dongchull Jeon, 『Nearshore Processes and Littoral Drifts』, KORDI Press, 121pp.

1997.

J.M. Wallace and P.V. Hobbs, 『Armospheric Science : An introductory survey』, Academic Press, Inc., 467pp. 1977.

R.W.G. Carter, 『Coastal Environments : An Introduction to the Physical, Ecological and Cultural Systems of Coastlines』, Academic Press, Inc., 617pp. 1988.